国家自然科学基金项目（51368017）、海南省科技厅应用技术研发与推广项目（ZDXM2015117）、海南省科技厅重点研发计划科技合作方向项目（ZDYF2016226）、海南大学中西部计划学科重点领域建设项目（ZXBJH-XK011）、海南省教育厅高等学校科研重点项目（Hnky2016ZD-7）和海南大学高水平学术著作资助项目（海大发展规划〔2016〕12号）　联合资助

有机质浸染砂的工程特性 与工程可利用性

卫宏　胡俊　杜娟　著

中国水利水电出版社
www.waterpub.com.cn
·北京·

内 容 提 要

海南岛海岸线绵长，海湾众多，这些地区拥有的丰富的陆地和海洋资源，是我省经济发展最快、最有活力的地区，国际旅游岛建设中的主要工程项目都位于这一地区。在这些项目的建设中，发生了许多因这种有机质浸染砂而产生的工程问题，如：难以现场成桩问题、现场浇筑混凝土强度不足问题、复合地基失效问题等等。据初步研究，这种砂因粒度成分而区别于软土，因有机质的存在形式而区别于贝壳砂，它不仅含有大量的有机质，而且这种有机质的成因复杂，与砂粒之间的接触关系特殊，形成了一种具有特殊结构的有机质浸染砂，因而具有了特殊的工程性质。这些特殊的性质可能是引起上述工程问题的原因。本书在研究这种砂的成因及其特殊结构的基础上，通过实验室实验，了解其工程特性，并以此指导现场工程实验与应用。研究成果可解决海南国际旅游岛建设中的大量工程问题，就近开发利用本土建筑材料，降低工程造价，对其他沿海、沿湖地区工程建设中的类似问题也具有参考意义。

图书在版编目（ＣＩＰ）数据

有机质浸染砂的工程特性与工程可利用性 ／ 卫宏，胡俊，杜娟著. -- 北京 ： 中国水利水电出版社，2016.10
ISBN 978-7-5170-4877-0

Ⅰ．①有… Ⅱ．①卫… ②胡… ③杜… Ⅲ．①岩土工程 Ⅳ．①TU4

中国版本图书馆CIP数据核字(2016)第271232号

书　　名	有机质浸染砂的工程特性与工程可利用性 YOUJIZHI JINRANSHA DE GONGCHENG TEXING YU GONGCHENG KELIYONGXING
作　　者	卫宏　胡俊　杜娟　著
出版发行	中国水利水电出版社 （北京市海淀区玉渊潭南路 1 号 D 座　100038） 网址：www. waterpub. com. cn E - mail：sales@waterpub. com. cn 电话：(010) 68367658（营销中心）
经　　售	北京科水图书销售中心（零售） 电话：(010) 88383994、63202643、68545874 全国各地新华书店和相关出版物销售网点
排　　版	中国水利水电出版社微机排版中心
印　　刷	北京嘉恒彩色印刷有限责任公司
规　　格	170mm×240mm　16 开本　11.5 印张　219 千字
版　　次	2016 年 10 月第 1 版　2016 年 10 月第 1 次印刷
印　　数	0001—2000 册
定　　价	**39.00 元**

序

随着我国城市化和现代化进程的不断加快,大规模基础设施需要投入兴建,"十三五"规划提出了加快完善水利、铁路、公路、机场、管道等基础设施的要求。这些大型工程不可避免可能会在不良的地基场地上建造,而且对地基质量的要求也将越来越高。我国幅员辽阔,在土的堆积形成过程中,自然条件、气候条件、地理环境、地质历史、物质成分和次生变化对土的性质有重大影响,形成种类很多且性质各异的特殊土,其分布存在一定的规律,表现出明显的区域性。我国主要区域特殊土包括软土、湿陷性黄土、红黏土、膨胀土、有机质浸染砂土等。这些特殊性土的工程性质差异很大且对工程的危害极大。因此,研究特殊土的工程性质以及处理方法有重要意义。

天然地基有很多属于不良地基土,不良地基承载力通常比较低,受到荷载作用,容易发生较大形变,需要对其进行处理,改善其工程性质才能用于工程建设。任何一种地基处理方法都有其的适用范围,它与土的自然属性有关,认识土的成因及力学特性是选取处理技术的依据,如果改造和处理不恰当必然会对工程建设产生诸多危害和隐患。

地基处理在我国拥有悠久的历史。据史料记载,早在3000年前先民就曾采用竹子、木头以及秸秆等材料加固天然地基。随着建筑行业对地基处理的要求日益增高,许多新的地基处理技术也得到开发和应用,如近年来发展的强夯法、振冲法、真空预压法、高压喷射注浆法以及加筋法等已广泛用于工程实践。目前我国的地基处理技术取得了长足的进步,有的领域已接近或达到国际先进水平。当前我国社会经济发展的重要方向以高科技为支撑,发展低碳经济。

地基处理行业发展的大趋势是推广应用节能、绿色环保、节地、节材、成本省、工期短、效果好的创新技术。

本书首次对我国东部沿海及海南岛广泛分布的有机质浸染砂进行研究，在测试其化学成分及其特殊结构的基础上，分析反演其形成过程，通过大量室内三轴试验探究围压、排水条件及应力路径对其强度和变形特性的影响，建立该砂土的本构模型；通过正交试验及大量的室内改性试验，确定有机质浸染砂水泥土的最优配合比，并建立强度预测公式。同时重点介绍了"热加固桩""钢筋纤维水泥土桩""竹筋混凝土桩""竹筋水泥土搅拌桩""冻结水泥土搅拌桩""套管竹筋水泥土桩""冻结高压旋喷桩"和"微生物加固桩"这 8 项加固成桩技术，丰富并创新了有机质浸染砂中的地基处理技术，解决因这种砂的存在而产生的难以现场成桩、复合地基失效等问题。

本书研究内容对于改善海湾相有机质浸染砂对工程建设的不利影响有积极帮助，为就近开发利用本土建筑材料，降低工程造价提供一种有效方法，对其他沿海、沿湖地区工程建设中的类似问题都具有一定的参考意义。

李光范教授

2016 年 9 月

前　言

随着国际旅游岛建设的展开，对海南沿海地区的开发建设如火如荼，许多重大项目都在这一带进行。但是，在海口市、文昌市和三亚市等地的工程建设项目中，发生了许多的工程问题。如：难以现场成桩问题、现场浇筑混凝土强度不足问题和复合地基失效问题等等。这些问题不仅增加了工程成本，还导致工程建设的延期，甚至会影响该地区经济和社会的发展。根据现场调查，初步研究认为这些问题都和一种含有机质的砂有关。这种砂中不仅含有大量的有机质，而且有机质的生成环境受海陆交替影响，十分复杂，以颗粒级配不同而区别于软土，以有机质存在形式不同而有别于贝壳砂，有机质与砂颗粒之间的接触关系很特殊，形成了一种具有特殊结构的有机质浸染砂，因而具有了特殊的工程性质。这些特殊的性质可能是引起上述工程问题的原因。

对海南岛 68 个海湾中的 12 个海湾进行现场调研，发现有 8 个海湾存在有机质浸染砂，占调研海湾总数的 2/3。由于有机质浸染砂的存在，对当地的工程建设与资源开发产生了问题。因为滨海地区受陆地和海洋反复交替影响，地质情况较其他地区复杂，尤其是海湾地区的土层中却常常含有丰富的有机质，有机质会影响水泥与砂颗粒之间的水化反应，会影响地基处理和加固时的水泥土搅拌桩的成桩强度，降低了其处理和止水的效果。

本书以海南省文昌市某项目基坑水泥土搅拌桩不成桩为切入点，对海湾相有机质浸染砂进行一系列的常规土工试验、三轴试验及室内改性试验，了解有机质浸染砂的基本工程性质及本构规律，对有机质浸染砂进行改性使其具有一定的强度，可广泛使用于地基处理、加固工程、堤防加固工程、填海工程和道路工程等。

本书的写作和出版还得到了国家自然科学基金项目（51368017）、海南省科技厅应用技术研发与推广项目（ZDXM2015117)、海南省科技厅重点研发计划科技合作方向项目（ZDYF2016226)、海南大学中西部计划学科重点领域建设项目（ZXBJH－XK011）和海南省教育厅高等学校科研重点项目（Hnky2016ZD-7）和海南大学高水平学术著作资助项目（海南大发展规划〔2016〕12号）的资助，在此表示衷心感谢！

由于作者水平有限，书中错误和纰漏在所难免，敬请各位专家和广大读者批评指正。

作 者

2016 年 9 月

目　　录

1 绪 论

1.1 研究背景及意义

我国拥有绵延曲折的海岸线，总长度达 3.2 万 km，大小海湾星罗棋布，沿海岸线自北向南主要的海湾有辽东湾、渤海湾、莱州湾、杭州湾和北部湾，总面积超过 17 万 km²，具有重大的投资开发价值。目前我国经济最为繁荣的地区如环渤海经济区、长三角经济区和珠三角经济区也主要集中于沿海一带。

衡量沿海地区海洋资源丰富程度的一个重要指标是"海岸线系数"（海岸线长度/陆域面积），而海岸带的丰富多样性取决于砂质海岸线的长度，这些指标往往决定了一个地区的房地产业和旅游业的可开发量。

海南岛地处热带北缘，拥有独具特色的海岛资源。根据《我国近海海洋综合调查与评价专项综合报告》，海南岛海岸线长 1822.8km，海岸线系数（表示陆域地区海洋资源丰富程度的一个指标，其计算方法是以海岸线长度除以陆域面积）为 0.0536，是全国的 25 倍，拥有大小海湾共 68 个，绵长的海岸线上蕴藏着极其丰富的资源。根据报告中的海岸地貌图和海岸第四纪地质图量算，海南岛砂质海岸长度占总长的 69.7%，并因其独特的自然资源、秀美的风光和宜人的气候成为人们休闲娱乐及度假疗养的理想胜地。

海南省沿海市县有 12 个，达到海南省市县总数的 2/3，沿海市县的经济更是达到全省经济总量的 3/4 以上，由此可见，海岸带在海南经济社会生活中扮演着重要的角色，并且发挥着巨大的作用。但是，从海岸线的开发长度来看，截至 2009 年，海南海岸线被实质性开发的只占到海岸线总长 20%；而海岸带土地资源开发的面积占总面积比例却不到 7%。海南岛经济发展的状况迫切需要在海湾地区进行大量的工程建设与资源开发，形成独特的海岛旅游特色。

2010 年国务院正式将海南岛定位为国际旅游岛，并且大力推进海南省国际旅游岛的建设。希望 2020 年这一国家战略能够初有成绩，将海南岛建设成名副其实的世界级旅游胜地，希望世界各地的游客对海南岛的印象都是：开放、文明、绿色、和谐。

《国务院关于推进海南国际旅游岛建设发展的若干意见》国发〔2009〕44

号要求：完善交通运输体系和基础设施条件，加快琼州海峡跨海工程进程和出岛高速公路建设速度；建设好西环铁路项目及洋浦支线铁路项目；解决海南西部民用机场的布局优化和建设问题，建设博鳌机场；加强港口基础设施和集疏运体系建设，推进游艇码头邮轮建设；完善海南中部和东部高速公路的建设，加强各地旅游景区的基础交通设施建设，改善各市县农村道路基础交通情况。2015年，海口市成为国家首批地下综合管廊试点城市，根据规划，海口市将在未来3年建成44.68km长的综合管廊，总投资约36亿元，这意味着海口市地下工程建设规模和速度将不断增大。

随着国际旅游岛建设的展开，对海南沿海地区的开发建设如火如荼，许多重大项目都在这一带进行。但是，在海口市、文昌市和三亚市等地的工程建设项目中，发生了许多的工程问题。如难以现场成桩问题、现场浇筑混凝土强度不足问题和复合地基失效问题等等。这些问题不仅增加了工程成本，还导致工程建设的延期，甚至会影响该地区经济和社会的发展。根据现场调研，初步认为这些问题都和一种含有机质的砂有关。这种砂中不仅含有大量的有机质，而且有机质的生成环境受海陆交替影响，十分复杂，以颗粒级配不同而区别于软土，以有机质存在形式不同而有别于贝壳砂，有机质与砂颗粒之间的接触关系很特殊，形成了一种具有特殊结构的有机质浸染砂，因而具有了特殊的工程性质。这些特殊的性质可能是引起上述工程问题的原因。

对海南岛68个海湾中的12个海湾进行现场调研，发现有8个海湾存在有机质浸染砂，占调研海湾总数的2/3。有机质浸染砂的存在，对当地的工程建设与资源开发产生了问题。因为滨海地区受陆地和海洋反复交替影响，地质情况较其他地区复杂，尤其是海湾地区的土层中却常常含有丰富的有机质，有机质会影响水泥与砂颗粒之间的水化反应，会影响地基处理和加固时的水泥土搅拌桩的成桩强度，降低了其处理和止水的效果。

本书在研究这种砂的组成及其特殊结构的基础上，分析反演其形成过程，通过大量室内三轴试验探究围压、排水条件及应力路径对其强度和变形特性的影响，建立该砂土的本构模型；通过正交试验及大量的室内改性试验，确定有机质浸染砂水泥土的最优配合比，并建立强度预测公式。同时重点介绍了"热加固桩""钢筋纤维水泥土桩""竹筋混凝土桩""竹筋水泥土搅拌桩""冻结水泥土搅拌桩""套管竹筋水泥土桩""冻结高压旋喷桩"和"微生物加固桩"这8项加固成桩技术。其研究成果可以解决海南国际旅游岛建设中的大量工程问题，改善海湾相有机质浸染砂对海湾地区工程建设的不利影响，能够就近开发利用本土建筑材料，降低工程造价，对其他沿海、沿湖地区工程建设中的类似问题都具有一定的参考意义。

1.2 国内外研究现状

1.2.1 土的强度变形特性研究

土是矿物颗粒堆积物，地球表面的岩石经受长期的风化作用而破碎，形成大小不一、形状不同的颗粒，这些颗粒在不同环境中堆积下来，受各种自然力的原生和再生作用，就形成了土。

目前对于土强度变形特性的研究主要是在各种力学试验的基础上总结其规律，用数学方法确定其力学参数。然而，不同于塑料和钢材这些连续介质材料，土是一种复杂的散粒体材料。其性质不仅与组成土的颗粒本身的矿物成分、粒径大小及形状等有关，还与颗粒之间的排列和相互之间的作用有密切的关系。在外力作用下，土的应力应变规律表现出十分复杂的特性，在试验材料相同的情况下，结果不仅受试验仪器、试验人员的影响较大，还表现出来较强的应力路径相关性和应力历史依赖性，不同条件下得到的结果往往会有很大差异。

姚仰平等认为压硬性和剪胀性直接决定土的应力应变关系，是土区别于其他材料的根本属性，称为土的基本特性；而结构性、各向异性及应力路径依存性等通过影响基本特性来影响土的应力应变关系，称为土的亚基本特性。

1. 压硬性

压硬性是指土的强度和刚度随压力的提高而增大的现象。著名的莫尔-库伦强度准则就体现了土的压硬性特性，1963 年，Janbu 将压围引入到切线模量公式中，使压硬性有了更直观的量化体现。

2. 剪胀性

工程上一般可将土分为黏性土和非黏性土，由于黏性土研究起步较早且很多本构模型都是基于黏性土的基本规律建立的，已经形成了比较系统的理论体系，但对于砂土强度变形的研究尚不成熟，尤其是对于其剪胀性的准确描述存在较大困难，无法满足工程需要，以剪胀性为核心的砂土变形特性及本构模型研究一直以来是岩土工程领域的一个重要课题。

广义的剪胀性是指土体在剪应力作用下体积发生变化，包括体胀和体缩（负的剪胀）。

剪胀性是土区别于连续介质材料所特有的一种属性，充分认识土体剪胀机理和影响因素，准确地描述砂土的剪胀性是建立科学合理的本构模型的先决条件。

1885 年，英国工程师 Reynolds 在进行砂土试验时发现密砂在排水条件下体胀，不排水条件下出现负孔压的现象，并且认为剪切过程中土体积的变化是由于土颗粒克服围压作用相互跨越而引起相对位置的改变。

1936 年，Rendulic 发现了黏性土的剪胀性，但由于当时业内缺乏对剪胀性的认识，该现象并未引起人们的重视。

1938 年，奥地利学者 Casagrande 提出了表征不剪胀不剪缩的临界孔隙比的概念，并分析了剪切过程中内摩擦角对土体积变化的影响，这标志着人们开始定量研究土的剪胀性。

1948 年，Taylor 从微观角度出发，提出"咬合"概念来解释剪胀性，并总结了剪胀对砂土抗剪强度的影响。

1957 年，Newland 和 Allely 指出影响砂土强度的不仅有土颗粒之间的滑动，还包括它们之间相互接触方式和排列顺序的变化。

1962 年，Rowe 在一系列试验基础上提出了体胀和主应力比的关系式，即剪胀方程。

在剪切过程中，土颗粒可以近似认为是刚体而不考虑其变形，土体积的变化主要是由于土颗粒间相对位置改变或重新排列使得颗粒间隙发生变化，这是土表现出剪胀性的根本原因。

一般认为，对于正常固结土和松散状态的砂，剪切过程中土颗粒重新排列，颗粒间隙被填充，密实度增加，体积减小，表现出剪缩特性；对于超固结土和密实状态的砂，剪切过程中土颗粒翻越、滚动，密实状态被打破，体积增大，表现出剪胀特性。

早在 1963 年，魏汝龙就对土的剪胀性机理进行了总结，并得到了业界学者和专家的广泛认可。他指出土的剪胀性与其结构性密切相关，在剪应力的作用下，土颗粒相对位置的改变使得土体积发生变化，并归纳总结了以下 4 种控制土颗粒重新排列的因素：

（1）在剪应力作用下，土颗粒之间会产生相对位移或趋势，这就会破坏它们之间由于嵌入和联锁而产生的咬合作用，一旦这种制约被破坏或减弱，土颗粒就会被抬高或翻滚使得体积增大，土的剪胀性受这种因素的影响最为显著。

（2）土颗粒在加载过程中相对滑动造成土颗粒间孔隙减小，土体积减小，这种不可逆的塑性变形是产生剪缩的重要影响因素。

（3）由于土具有各向异性，在不同方向上土颗粒取向和形状有显著的差异，因而具有不同的变形模量，由此引起的剪胀或剪缩与加载条件有关。

（4）颗粒压碎和颗粒间胶结的破坏是产生剪缩的主要原因。

对于不同种类或不同应力状态下的土而言，剪胀性是以上 4 种因素的综合体现。在不同的阶段，它们之间相互影响，起到不同程度的作用。

根据大量试验结果可知，砂土的剪胀性跟相对密度（或孔隙比）和有效围压（或有效平均正应力）有密切关系。相对密度一定时，密砂在低围压下剪胀，高围压下剪缩；有效围压一定时，密实度小的砂土剪缩，密实度大的砂土剪胀。

一些学者还另辟蹊径，引入微观力学的研究方法，构建出颗粒材料的力学研究模型，尝试从微观角度探究颗粒材料的剪胀机理。例如钟晓雄等研究了颗粒材料的剪切变形规律，总结了颗粒材料在变形过程中应力与组构量的关系，论证了剪胀发生的微观条件，推导了颗粒材料的剪胀方程，并由试验验证了模型的适用性。迟明杰等从细观角度入手对砂土剪胀机理进行了深入研究，并提出一个剪胀方程，该模型能够合理解释砂土的一些复杂变形规律，使人们对砂土的剪胀机理有了更加直观的认识和理解。

一般认为土的变形是弹塑性的。弹性变形主要是指土颗粒间的弹性接触变形、可压缩弹性流体的变形等，而塑性变形主要是由颗粒间的相对运动和颗粒的破碎引起的。土的剪胀变形是由相互咬合、胶结的土颗粒之间的相对运动引起的，往往被认为属于塑性变形。然而众多试验表明，在剪切荷载卸减时，剪胀的体应变很大一部分是可恢复的，即表现为卸载体缩。

李广信等根据试验结果对卸载体缩现象进行解释，在剪胀过程中，土颗粒由低能状态转向高能状态，这种高能状态并不稳定，土体卸荷时，有很大一部分剪胀会复原。密砂的卸载体缩是由于可恢复剪胀，松砂则与加载初期的塑性体缩和加载后期的可恢复剪胀有关。

刘元雪等从土的各向异性的角度解释了可恢复剪胀。通过对各向异性条件下的土体弹性本构关系的理论分析，认为由于土体的各向异性所引起的弹性剪胀是可恢复剪胀的部分原因。

张建民等基于对砂土扭剪试验结果分析认为，砂土的剪胀性包括可逆体应变分量和不可逆体应变分量。前者与剪切过程中相对滑移机制和颗粒转动引起的砂粒集合平均定向率的可逆变化有关，后者是剪切过程中砂颗粒破碎、平均孔隙率减少及大孔隙消失的结果。

沈珠江从微观角度入手研究，认为土的剪胀分为两种不同的机制：①基于不等向硬化规律的可恢复剪胀，剪切阶段能量持续累积；②基于等向硬化的不可恢复剪胀，剪切阶段能量持续消散。

为了克服传统剪胀理论由于缺乏对材料内部状态参量影响的考虑而造成对砂土变形分析时常常会产生较大误差这一缺陷，许多研究者开始将应力水平和土体的密实度引入剪胀方程中，这些与材料状态相关的剪胀方程可统称为状态相关剪胀方程。

近些年来，一些学者引入状态参量来描述孔隙比和有效围压变化对砂土强度和变形特性的影响。

1958 年，Roscoe 等提出了临界状态的概念，用以更加方便地研究黏性土的强度变形特性。临界状态指的是土体在剪切过程的大变形阶段所达到的极限状态，即体积、剪应力和有效平均正应力不变，而剪应变持续发展和流动的状态。

Been 等在前人研究的基础上提出状态参数 w 的概念，以此来衡量砂土所处的状态，其表达式为当前状态下的孔隙比与相同围压下的临界孔隙比之差。若 $w>0$，说明土体呈松散状态，剪切时发生体缩；若 $w<0$，说明土体呈密实状态，剪切时发生体胀，此参数能直接用于判断砂土的体变特性，并能进行量化分析。

1962 年 Rowe 提出剪胀理论，很快便被应用到土的本构模型研究中，尤其是在黏性土本构模型中，取得了很大的成功。

许多塑性模型是在 Rowe 和 Roscoe 等的剪胀方程的基础上建立起来的，这类模型对于正常固结黏土有较好的模拟效果，但对于砂土，往往就不能正确反映其体变特征。这是因为对于正常固结黏土而言，其体变关系是单调的，当应力比固定时，孔隙比和有效平均应力是一一对应的。而对于砂土而言，当应力比一定时，体变关系还与砂土的密实状态有关，密砂的孔隙比随剪应力的增大而增大，松砂的孔隙比随剪应力的增大而减小。因此，不能将基于临界土力学和剪胀理论的本构模型直接应用到砂土的强度变形模拟分析中。

Verdugo 和 Ishihara 在剪切试验中发现与以往人们认识所不同的现象：低围压下松砂也可能表现出中密砂的应变软化和剪胀特性，高围压下中密砂也可能表现出松砂的应变硬化和减缩特性。可见，仅仅依据砂土的相对密实度已不能正确地判断砂土的变形规律，同时还要考虑到土体所处的应力状态。

为了克服临界状态在描述砂土体变过程中的缺陷，学者提出相变状态的概念。相变状态是指砂土在排水试验中由体缩到体胀或者不排水试验中孔隙水压力由增大到减小的突变状态。即排水试验中相变点的体积变化为零，不排水试验中相变点的孔隙水压力变化为零。

在三轴试验过程中，临界状态很难通过试验判断，而相变点却很容易确定，因此以相变状态来划分砂土的松密程度既有理论依据，又具有较强的可操作性，从实际考虑是一种更合理地选择。

与临界状态相比，以相变状态作为衡量砂土松密程度的指标具有以下优点：①由于松散砂土只有剪缩状态，没有剪胀状态，相变点与临界点重合；②对于既有剪缩又有剪胀状态的密实砂土而言，相变状态为过渡状态，能够全面反映土的体变规律。

3. 各向异性

土在不同方向上表现出不同的结构及力学特性的现象叫做土的各向异性。

根据产生这种差异的原因可分为原生各向异性和次生各向异性，原生各向异性是指自然界中的土在天然沉积或人工填筑过程中产生的，由于土颗粒在不同方向上排列方式的差异而引起的各向异性，是土的材料属性，又称初始各向异性；次生各向异性则是由于在不同的应力方向因应力状态不同而引起的各向异性，这种差异会随着应力状态的改变而发生变化，是土的力学属性，也叫诱发各向异性。

4. 结构性

土的结构是指土颗粒、粒组及孔隙的大小、形状、排列方式及相互作用，结构性即是由结构所引起的力学特性。天然土都具有一定的结构性，土的结构性与土的形成过程及形成环境有关，土的各向异性是土的结构性最直接的体现，土的力学及工程性质与其结构性有着密不可分的联系。原状土扰动后强度会降低也与土的结构性有关，原状土与重塑土的无侧限抗压强度之比为灵敏度，它是工程上常用的衡量黏性土结构性强弱的指标。

土的结构性本构关系的研究对土力学的发展具有重大意义，沈珠江院士称之为"21世纪土力学的核心"，谢定义认为土的结构性是决定土的力学性质的最根本内在因素，损伤模型就是在结构性基础上建立起来的。

5. 非线性

作为散粒体材料，土体的变形主要不是由土颗粒本身的变形所引起的，而是由土颗粒之间排列位置的变化所产生的。土的变形表现出明显的非线性特性。

一般认为，正常固结黏土和松砂剪切过程中应力随应变的增加而增大，但增速变小，最后趋于稳定，应力应变曲线呈应变硬化型，超固结黏土和密砂在剪切初期应力随应变的增加而增大，当应力达到峰值以后，反而随应变的增加而减小，应力应变曲线呈应变软化型。

1.2.2　应力路径研究

弹性材料的应力应变特性遵循广义胡克定律，在弹性变形范围内，应力应变或其增量呈线性关系，只跟材料本身的属性和初始与最终的应力状态有关，与所经历的应力路径无关。由于土是一种摩擦型多相体，不同于胡克材料，其应力应变及体变规律不但与所处的应力状态有关，还受到其应力历史及加载过程中所经历的应力路径的显著影响。因此，分析不同应力路径下土体的力学特性对于深入研究土的性质具有很强的理论和实际意义。

改革开放以来，经济的迅猛发展以及人口大规模的涌入城市，造成了地上空间日趋拥挤，推动了地下工程的蓬勃发展。尤其是近十几年来，城市地下综合体（包括地下街道、地下商场、地下停车场及地下交通工程等）和地下综合管廊（包括电力、通信、热力、燃气、给排水等市政工程）等地下空间工程成为了城市重点建设的对象。合理开发地下空间是解决当前城市面临拥堵问题的有效措施，地下工程中土体开挖将对周边建（构）筑物的安全性和稳定性造成影响，由于不同部位和不同工况的土体的所处应力状态和经历的应力路径有所不同，强度和变形规律也有很大差异，这就促使人们对不同应力路径下的土体的力学特性进行研究。

把土体单元在加卸载过程中的应力状态的变化，在应力坐标轴中以应力点的移动来表示，将这些应力点连接起来形成的轨迹就叫作应力路径。

1967 年，Lamber 首次明确提出应力路径的概念，应力路径是指"土体单元从一种应力状态变化到另一种应力状态时最大剪切应力点的轨迹"。Lamber 提出的应力路径法为研究不同工况下土体的强度变形特性提供了一个科学合理的途径，拉开了探索土体应力路径的序幕。此后许多学者在此基础上又进行了补充和扩展，内容和表达形式上都变得更加丰富多样。

1973 年，Breth 对初始状态相同的砂土进行不同的应力路径剪切试验，发现不同应力路径下初始剪切模量和泊松比均有很大差异。

1976 年，Lade 和 Duncan 对砂土进行了应力路径试验，证实了在初始和最终应力状态都相同的情况下，不同应力路径下砂土的强度-变形曲线不同。

1979 年，Lamber 和 Marr 又详细阐明了应力路径法准则，并详细介绍了在实际工程中应如何考虑应力路径的影响。

1982 年，刘祖德等通过对砂土和黏土进行多种应力路径下的三轴试验，总结了应力路径对填土应力应变关系的影响，根据土坝的实际受力情况，重点分析了等应力比路径下土的应力应变规律，并建立了用于分析土坝施工期间应力应变规律的指数模型。

1987 年，孙岳崧等对承德中密砂完成 6 种应力路径下的三轴试验，发现应力路径对应力应变关系具有显著影响，对体变规律也有一定的影响，但对砂土内摩擦角的影响较小。不同应力路径下应力应变关系曲线形状不同，并且无法完全归一化。

1988 年，曾国熙等通过试验研究应力路径对饱和软黏土应力应变关系的影响，分析了基坑开挖过程中不同位置土体应力路径的变化情况，指出应通过应力路径试验来模拟施工条件。

1989 年，陆士强等在一系列砂土排水剪切试验的基础上，详细探讨了不同初始固结路径和初始应力状态对应力应变规律的影响，并提出了一种描述应力应变关系的改进方法。

1994 年，Jeda 研究发现，砂土的破坏包络线受应力路径的影响，应力路径不同，破坏包络线的样式也有差异。

1995 年，邱金营根据土体的实际应力状态对三峡风化砂进行了等应力比

路径和 K_0 固结后压缩路径两种平面应变试验，发现等应力比路径下应力应变呈幂函数关系，K_0 固结后常规压缩路径下应力应变符合双曲线关系。

1998 年，Yoshimine 等对日本丰浦砂土进行应力路径试验，发现在初始条件相同的情况下，砂土在三轴压缩试验中剪胀，在三轴拉伸试验中剪缩。

2001 年，张其光等分析研究了基坑开挖过程中的应力路径，并根据三轴试验结果总结了不同应力路径下总强度指标和有效强度指标规律。

2001 年，孔亮等利用 GDS 应力路径三轴仪对慢速往复荷载下饱和砂土的变形特性进行了研究，总结了饱和砂土慢速往复荷载作用下的强度变形特性，并发现了该应力路径下砂土存在卸载体缩的特性。

2004 年，刘熙媛等进行了模拟基坑开挖过程中侧向卸荷应力路径的三轴试验，并与常规三轴试验结果对比，发现侧向卸荷路径下土的内摩擦角有大幅度降低。

2005 年，路德春等建立了考虑应力路径的砂土的本构模型，分析了应力路径影响应力应变规律的实质，并根据模型对复杂应力路径下的应力应变规律进行预测。

2005 年，常银生等利用 GDS 多功能三轴仪对南京地区原状黏土进行常规三轴、减压压缩和等 p 三种应力路径下的 CD 试验，发现不同应力路径下应力应变曲线均呈应变硬化型，但破坏强度和孔隙水压力却有很大的差别。同一应力路径下有效应力路径形状相似。

2006 年，刘恩龙等对室内制备的结构性土进行一系列常围压、减小围压和增大围压的固结排水和固结不排水三轴试验，分析总结了不同应力路径下结构性土的强度、变形和破坏特性。

2006 年，杨雪强等利用常规三轴仪和真三轴仪对同一种土进行固结不排水加载和卸载路径试验，研究了不同路径下土体的变形特性和破坏特性的差异。

2007 年，冷艺等对福建标准砂进行了复杂应力路径下排水与不排水剪切试验，在平均主应力保持不变的情况下，研究了中主应力系数、主应力方向和排水条件的改变对饱和砂土剪切特性的影响。

2009 年，曾玲玲等通过对广州典型软土在不同固结条件下的三轴剪切试验研究，总结了应力路径对软土强度、变形及孔隙水压力规律的影响，认为侧向卸荷会使土体产生剪胀趋势，并且发现不排水条件下有效应力路径主要与初始固结条件有关，相同固结条件下有效应力路径具有唯一性。

2010 年，许成顺等通过 8 种不同应力路径下的单调剪切试验，总结了应力路径对砂土剪切特性的影响。减压压缩、常规压缩和增压压缩路径下的剪胀性依次减弱，偏压固结比均等固结条件下表现出更明显的剪胀性。不同应力路

径下砂土有效内摩擦角不同。

2010年，迟明杰等从细观角度入手分析了应力路径对砂土变形的影响机制，据此预测的变形规律与宏观试验结果相一致。

2012年，李广信分析了基坑开挖过程中不同部位地基土的应力路径，指出支挡结构前地基土接近于 p 为常数的三轴拉伸试验，支挡结构后地基土接近减压三轴压缩试验。

2012年，应宏伟等提出考虑主应力轴旋转的三维应力路径，并总结出开挖过程中基坑内外不同部位典型的应力路径，指出横向和竖向均存在卸荷特性，坑内卸荷较坑外更为显著。

2013年，谷川等通过对软黏土进行一系列的应力路经试验，探讨了应力路径对软黏土强度和割线模量的影响。

2013年，殷杰等利用 GDS 三轴仪对天然沉积土 K_0 固结不同应力路径剪切试验，发现应力路径对非扰动土的剪切变形和体积变形影响较大，各种应力路径下，应力应变均有明显的屈服特性。

对于饱和土而言，土体在加卸载过程中会产生孔隙水压力的变化，应力路径也有总应力路径和有效应力路径之分，总应力路径主要跟加卸载条件有关，而有效应力路径是还受土体的排水条件和固结条件的影响。

1.2.3 土的本构模型研究

土的本构模型是反映土应力应变关系的数学模型，由于土体材料的复杂性，在外荷载作用下，其变形常常表现出非线性、各向异性、剪胀性及流变性等特性。开发能体现各种土体不同工程条件下真实应力应变规律的通用模型并不现实，在研究过程中，人们一般是根据大量土工试验结果，以简化假设为前提，进行曲线拟合，得到应力应变的经验公式，在连续介质力学框架内进行归纳分析建立起具有理论基础并且能够反映土体主要变形规律的实用的本构模型。

岩土材料本构理论是现代土力学研究的重要领域之一，研究土的本构模型具有重大意义。在定量计算方面，可以为岩土工程数值模拟分析提供计算公式和参数，而选用的本构模型的合理性和精确性决定了模拟结果的优劣；在定性分析方面，本构模型可以反映土的应力应变规律，为从宏观上研究分析岩土强度变形特性提供参考依据。

正是由于本构模型在土力学中所处的特殊地位，自20世纪60年代，国内外众多学者开始投入到土的本构理论的研究之中，特别是近些年来，随着土力学理论的不断完善、岩土测试技术的飞速进步以及计算机模拟水平的显著提高，研究人员在土的本构关系领域进行了更加深入和广泛的探索。到目前为止，针对不同的土和加载条件，各国学者们提出的本构模型有数百个之多，大体可分为已经发展比较成熟的弹性模型和弹塑性模型，以及最近二十多年来逐渐建立的内时模型和损伤模型等几类。

1. 弹性模型

土的弹性模型主要包括线性弹性模型和非线性弹性模型。

线性弹性又称胡克弹性，是固体材料的理想化特性，材料受力后变形，应力应变呈线性关系，卸载后变形能够完全恢复。线性弹性模型是由 Love 于1942 年提出的，该模型基于广义胡克定律，假设土体为线弹性体，无屈服现象，并以全量的应力应变关系描述土体特性，是一种理想化的模型，表达式为 $\{\sigma\} = [D]\{\varepsilon\}$，其中 D 为刚度矩阵，又称弹性矩阵。

对于各向同性的理想材料而言，模型仅有 2 个独立参数；然而在土的沉积或地质作用过程中，土颗粒的排列表现出一定的方向性，造成了土体的各向异性，对于这种各向异性材料而言，模型具有 21 个独立参数；鉴于土体形成过程中水平方向的差异性远小于竖向，可近似认为天然土体在水平方向上弹性相同，仅考虑在垂直方向上的差异，称作横观各向同性，又叫正交各向异性。对于正交各向异性材料而言，模型具有 5 个独立参数。

岩土体并非是严格意义上的胡克材料，在荷载作用下只有在小应变情况下才发生弹性变形，该模型对土的变形特性做了较大简化，但由于公式简单，使用方便，在解决一些实际问题时误差能够满足工程要求，早期在地基和土工建筑的沉降计算问题中曾起到一定的作用。

应力应变的非线性关系是土区别于连续介质材料的基本特性之一，将土体的应力应变关系以增量的形式引入弹性理论中，可得到增量形式下的广义胡克定律：$\{\Delta\sigma\} = [D]\{\Delta\varepsilon\}$，即为增量线性弹性模型。与线性弹性模型的全量形式不同，该模型是以增量形式以分段线性化来反映土体的变形规律。增量线性弹性模型属于非线性弹性模型，由于采用切线模量，又被称为切线模型。而线性弹性模型是采用割线模量的全量模型，二者相比，前者更符合土体实际的力学特性。

邓肯-张模型是提出较早的增量线性弹性模型。由于其形式简单，参数少且概念明确，且均可根据常规三轴试验结果求出，方便在岩土数值模拟中进行计算，自建立以来就受到工程师们的广泛认可。由于该模型参数为切线模量 E 和切线泊松比 ν，又被称为 $E-\nu$ 模型。然而，$E-\nu$ 模型中切线泊松比的确定和应用存在一定问题：①三轴试验中侧应变的测定较为困难，并且得到的轴向应变与侧向应变的关系不符合双曲线假设；②对于泊松比 $\nu \geqslant 0.5$ 的情况无法计算。鉴于模型本身的这一缺陷，1980 年，邓肯等人提出采用体变模量 B 代替切线泊松比 ν 的 $E-B$ 模型。

邓肯-张模型也存在一定的不足：①邓肯-张模型是基于黏土的常规三轴试验提出来的，应力应变关系采用双曲线假设，模型只能反映体缩，不能反映剪胀性，数值模拟时计算结果常常和实际结果有较大出入；②由于假定 $\sigma_2 = \sigma_3$，没有考虑到中主应力的影响，使计算的岩土体变形模量偏小，变形偏大；③没有考虑到应力路径的影响；④加载和卸载的判断不明确。

为了弥补邓肯-张模型的不足，国内外学者在此基础上进行了更加深入的研究，提出了许多改进的模型，1980 年，沈珠江引入球应力 p 和广义剪应力 q 来表示体积应变 ε_v 和剪切应变 ε_s，可以反映土的剪胀性；后来，沈珠江又建立剪应力比 $\eta = q/p$ 和剪应变比 $\xi = \varepsilon_s/\varepsilon_v$ 之间的数学关系，可反映土的软化特性；还有 Domaschuk-Valliappan 模型、Battelino-Majes 模型、Naylor 模型等 K - G 模型。

除此之外，基于非线性弹性理论，各国学者还提出了格林弹性模型、柯西弹性模型以及次弹性模型等高阶弹性模型。这些模型理论较为严谨，无明显缺陷，但由于参数过多，且无法通过简单试验确定，在实际工程中的应用大大受到了限制。

弹性模型的共同假设是应力应变或其增量关系一一对应。基于这一假设，该类模型可较为精确地模拟单调加载情况，但无法模拟复杂加载条件（如周期循环加载等）。弹性模型的不足制约了其工程应用，同时也促进了弹塑性模型的出现和发展。

2. 弹塑性模型

众多室内试验和实际工程表明，在外荷载作用下，土体产生的形变包括可恢复的弹性形变和不可恢复的塑性形变，其中，塑性形变占据主要部分。因此，在弹性理论的基础上引入塑性理论，建立土的弹塑性本构模型成为了土力学发展的一个重要方向。许多学者对这个土力学中的热点课题进行了深入研究，并取得了一系列丰硕成果。

在弹塑性理论中，常常以增量的形式表示应力应变的关系，总应变由弹性应变和塑性应变组成，关系式如下：

$$\mathrm{d}\varepsilon_{ij} = \mathrm{d}\varepsilon_{ij}^e + \mathrm{d}\varepsilon_{ij}^p \tag{1.1}$$

其中弹性应变增量 $\mathrm{d}\varepsilon_{ij}^e$ 可依据弹性理论（广义胡克定律）得到，塑性应变增量 $\mathrm{d}\varepsilon_{ij}^p$ 按照塑性理论求取。

塑性理论由屈服准则、流动法则和硬化规律三部分组成。这 3 个理论作为塑性理论的三大支柱，主要可以解决塑性变形的起点、方向和大小的问题。屈服为塑性变形的起点，屈服准则用于研究土体内部开始产生塑性变形的应力条件，流动法则描述塑性应变增量的方向，硬化规律可以确定塑性应变增量的大小。

与弹性模型相比，弹塑性模型在一定程度上存在模型较为复杂难以理解，参数意义不明确且无法通过简单土工试验获取等缺点，但因其具有更为严谨的理论基础而具有更广泛的适用性，尤其是在复杂应力路径下描述结构性和剪胀性等特殊性质方面具有明显优势。

土体在荷载作用下的变形包括弹性变形和塑性变形，从弹性变形阶段过渡到塑性变形阶段的过程叫做屈服，屈服函数是指土体进入塑性变形阶段时对应的应力函数。在应力空间内，屈服点连成的曲面或屈服函数对应的曲面就是屈服面。屈服面所包裹的区域为弹性区域，该区域内土体处于弹性状态，产生弹性变形，屈服面以外的应力空间，土体处于塑性状态，产生塑性变形，屈服面上土体处于临界状态。也就是说，屈服面是土体弹性和塑性状态的分界面。土体内部第一次出现塑性变形时对应的状态叫初始屈服，根据土的加工硬化特性可知，在屈服过程中，屈服应力会不断增大，屈服面继续向外扩展，直至发展至破坏面，屈服应力不再增加，产生无限制的塑性变形，即达到破坏状态。这种变化中的屈服称为后继屈服，又叫加载屈服。

目前为止，研究较多的屈服面主要分为两种：圆锥形屈服面和帽子屈服面。

开口的圆锥形屈服面随着屈服应力的加大，圆锥体直径不断扩张（即材料的硬化），发展至破坏面为止。这种类型的屈服面被广泛应用到早期的屈服破坏准则中，如特雷斯卡准则、冯·米塞斯准则、莫尔-库伦准则和德鲁克-普拉格准则中的屈服面都属于这种类型。圆锥形屈服面及其屈服轨迹见图1.1。

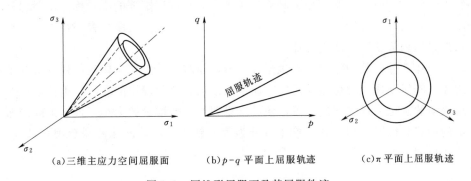

(a) 三维主应力空间屈服面　　(b) p-q 平面上屈服轨迹　　(c) π 平面上屈服轨迹

图 1.1　圆锥形屈服面及其屈服轨迹

然而，岩土材料与金属材料重点差别之一就是在静水压力下也能产生塑性体应变，为了弥补锥补屈服面无法反映塑性体应变的缺陷，近年来又有一种新的屈服面成为研究的热点，在圆锥形屈服面上加一个向外扩展的曲面来表示加工硬化的后继屈服面，由于其形状像"帽子"，所以称为帽子屈服面。帽子屈服面较锥形屈服面有较大优势，比较符合土的实际变形特征，可以模拟多种加载条件下土体变形，具有较广泛的应用。帽子屈服面及其屈服轨迹见图1.2。

在塑性理论中，流动法则用于确定塑性应变增量的方向（或塑性应变增量

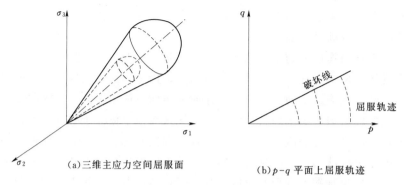

(a)三维主应力空间屈服面

(b)p-q 平面上屈服轨迹

图 1.2　帽子屈服面及其屈服轨迹

各分量间的比例关系)。1928 年，Mises 在弹性位势理论的基础上提出了塑性位势的概念，在应力空间内的任意一点，必然存在有经过它的一个塑性势面，其数学表达式即为塑性势函数。

根据塑性势函数和屈服函数之间的关系，流动法则可分为相关联流动法则和不相关联流动法则，若塑性势函数和屈服函数相等，塑性应变增量与屈服面垂直，即为相关联流动法则；若塑性势函数和屈服函数不相等，即为不相关联流动法则。根据塑性理论的假设条件，相关联流动法则比较符合金属材料的流动特性，而不相关联流动法则更符合岩土体（尤其是应变软化的土体）的流动特性。然而，由于采用不相关联流动法则会导致刚度矩阵的不对称，不能保证唯一解，给计算分析带来了很大的难题。因此，现有的大多数弹塑性本构模型依然采用相关联流动法则计算。

土体在外荷载的作用下发生塑性变形，屈服面扩大，土体抗剪强度提高的现象，叫做硬化。硬化参量是反映屈服面运动和变化规律的参数，由前后两个屈服面的硬化参量之间的关系，便可求得塑性应变增量的大小。根据加载屈服面的形状和位置不同，硬化模型可分为等向硬化、运动硬化和联合硬化 3 种，硬化模型见图 1.3。

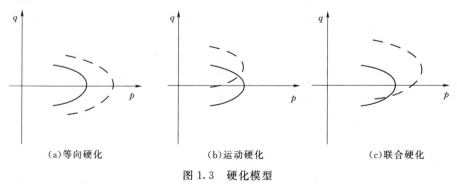

(a)等向硬化

(b)运动硬化

(c)联合硬化

图 1.3　硬化模型

等向硬化又称各向同性硬化,其规定塑性变形中加载屈服面只是在各个方向上按等比例扩大,而其形状、位置和中心保持不变。运动硬化是指在进入塑性阶段以后加载屈服面方位变化,而形状和大小保持恒定。联合硬化综合了等向硬化和运动硬化的特点,即在塑性变形中后继屈服面保持形状不变,各个方向上按等比例扩大,位置发生平移。理论上讲,联合硬化既能反映屈服面的均匀膨胀,又能考虑到其位置的改变,最能反映土体的加工硬化特性。但由于其形式复杂,计算繁琐,在实际工程中运用较少,反而是等向硬化由于模型简单,便于计算,应用范围较广。

1773 年,Coulomb 提出 Mohr-Coulomb 破坏准则,认为土体的抗剪强度与正应力正有关,当土体内部某个面上的剪应力达到临界值时,土体破坏公式为:$\tau_f = c + \sigma\tan\varphi$,式中 c 为黏聚力,φ 为内摩擦角。该模型参数少,容易测定,且模型符合试验结果,对于土体具有普遍的适用性,但无法反映中主应力的影响。

1952 年,Drucker 和 Prager 在 Coulomb 屈服准则和 Mises 屈服准则的基础之上,并考虑静水压力的影响,提出了 Drucker-Prager 模型。由于 Drucker-Prager 模型的屈服面在 π 平面上为一个圆,便于数值计算,在近似计算中得到很好的应用,但该模型不能反映中主应力的影响。1957 年,Drucker 本人又在原屈服面上加了一个半球形的"帽子",建立了能反映土加工硬化的帽子模型。

1958—1963 年,剑桥大学 Roscoe 等在正常固结黏土三轴试验的基础上提出了 Cam-Clay 模型,即著名的剑桥模型,该模型基于土的临界状态,假定土体为加工硬化材料,利用能量理论得到屈服面,以塑性体应变作为硬化参量,并采用正交流动法则,是首个以塑性增量理论描述土的应力应变关系的模型。剑桥模型考虑了静水压力对屈服面和塑性变形的影响,能反映岩土体材料的压硬性和减缩特性,参数较少仅有 3 个,且相对容易求取,在分析变形和强度问题中能够得到满足工程应用的结果,故在国际上被广泛认可。模型中提出的临界状态线、临界状态面等概念已经逐渐发展为成熟的临界状态理论。但剑桥模型没有考虑中主应力对土体强度和变形的影响,无法反映土体的应变软化和剪胀性,对于密砂和超固结黏土不适用,破坏面存在尖角,致使不易确定该点塑性应变的方向,由于采用塑性体应变作为硬化参量导致对剪切变形的考虑不足。

1968 年,Roscoe 和 Burland 又对剑桥模型进行修正,得到具有椭圆形帽盖的修正剑桥模型。1981 年,我国学者魏汝龙根据黏性土固结不排水剪切试验结果,改进了剑桥模型中的能量方程,使模型的具有更为广泛的适用性。尽管剑桥模型及修正剑桥模型仍有许多不足之处,但它一直是世界公认的经典本构模型之一,该模型发展及改进过程中产生的一些理论对土力学起了很大的推进作用，临界状态土力学也是在此基础上发展而成的。一般认为，剑桥模型的出现标志着土的本构模型研究进入全新的阶段，其被看作是现代土力学的开端。

1975 年，Lade 和 Duncan 根据砂土的真三轴试验建立 Lade-Duncan 模型，模型假定塑性势面和屈服面不重合，并以塑性功为硬化参数，对无黏性土的应力应变规律有较好的适用性，模型主要反映剪切变形，对体积变形考虑不充分。模型共 9 个参数，均可通过三轴试验确定，能较好地反映砂土的剪胀性及中主应力对屈服面和破坏面的影响，缺点是对体缩的考虑不充分，计算的剪胀性偏大，难以反映静水压力作用和等比例加载条件下土体的屈服特性，该模型仅适用于砂土。为了弥补 Lade-Duncan 模型的不足。后来，Lade 又对原模型进行修正，采用不相关联流动法则的圆锥体屈服面，并增加了一个采用相关联流动法则的球形帽子体积屈服面，形成双屈服面模型。修正后的模型理论上较为成熟，在国际上产生很好的响应，但由于模型参数过多，在一定程度上限制了其在工程中的应用。

日本松岗元等提出适用于砂土的空间准滑动面理论（SMP 准则），该理论不仅修正了莫尔-库伦强度准则在偏平面内出现奇异的问题，还解决了Drucker-Prager 强度准则拉压强度相等的缺陷，能够合理描述砂土在空间应力状态下的强度变形特性。后来，该模型又被进一步推广应用到黏性土。

此外，还有沈珠江的部分屈服面模型和三重屈服面模型，殷宗泽的椭圆-抛物线双屈服面模型，向大润基于分部屈服加载准则提出的弹塑性模型，邵生俊和谢定义建立的物态本构模型，黄文熙等的"清华模型"，沈珠江提出的"南水模型"，郑颖人等的"后工模型"等都取得了很显著的成果。

由于土体的状态会随着加载的进行而发生变化，初始密度和围压并不能体现土体在整个加载过程中实际密度和有效应力的变化对土体强度变形的影响规律。近些年来，开始有学者考虑将状态参量引进到本构方程中，建立状态相关的本构模型。状态参量以临界状态理论为基础，同时考虑到相对密度和有效围压对土体状态变化的影响，可反映土体的密实状态。罗刚等将状态参量引入原有模型中，建立了一个能反映土体状态对应力应变影响规律的新的本构模型。

土是岩石在漫长的地质历史中各种物理化学及生物作用的综合产物，特殊的形成过程及环境使得土具有非常复杂的性质，想要建立一种可以描述所有土性质的本构模型是不现实的。一个能得到广泛认可和应用的本构模型必须要对岩土体力学特性进行简化，抓住主要特征，忽略次要影响因素，其一般具备以下特点：①概念简单易懂；②参数不多且意义明确；③可通过简单试验确定；④能反映土体应力应变主要特征。

1.2.4 有机质对水泥加固软土的影响研究

土中有机质的研究最早开始于 18 世纪下半叶，不过刚开始进行的是农业和化学方面的研究，研究的内容主要是土壤中有机质的来源、性质、组成、种类和影响等。近年来，由于我国大规模工程项目的进行，其中存在着各种条件复杂的工程项目，在对一些工程项目中出现的问题进行研究时发现：有机质会影响水泥加固软土的效果。

岩石经过风化沉积、滨海沉积、湖泊沉积，沼泽沉积等形成土的过程中，动物和植物的残骸经过微生物分解作用生成的有机质可能会包含在土集聚体中，也可能会吸附在土颗粒上。

C、N、H 和 O 元素是土中有机质的主要成分，土中的有机质主要是由一系列组成结构不均一的化合物组成。有机化合物的化学结构是多种多样的，有的可能是结构单一的单糖或多糖，有的可能是结构复杂、存在时间较久的腐殖质类物质，包括动植物残体的降解产物、动植物残体、菌丝体和根系分泌物等。有机物主要包括没有分解的动植物残体以及活的有机体，包含动物、微生物和植物的根系等。

Simon 认为有机质主要包括：有机质的原料；腐解物质；腐殖质衍生物质：低分子物质—土壤生物代谢产物和植物分解的产物；真正腐殖物质：主体为腐殖酸。

Kononova 把有机质分为两类：腐殖质和新鲜或没有充分分解的动植物残体。

Dubach 和 Mehta 通过研究发现：腐殖物质由于本身含有羧基，羧基会使腐殖物质产生酸性，芳香族苯酚类聚合而成腐殖物质，因为芳香族苯酚类不含氮素，所以腐殖物质也几乎不含氮素，但是其分子量较大，由 2000～10 万以上不等。

在我国岩土工程领域，如《岩土工程勘查规范》（GB 50021—2001）是按照土中的有机质含量来进行土类的划分，把土划分为以下 4 类，见表 1.1。

表 1.1   土 的 分 类

名称	有机质含量 w_u/%
无机土	$w_u < 5$
有机质土	$5 \leqslant w_u \leqslant 10$
泥炭质土	$10 < w_u \leqslant 60$
泥炭	$w_u > 60$

土中的有机质会对土的各项性质产生重要的影响。E. M. 谢尔盖耶夫曾对有机物腐殖质的特点进行过研究，研究发现亲水性强、可塑性强、溶水性高、压缩性强、透水性低等是有机物腐殖质的典型特点。土中即使含有少量的有机物，其性质也会发生很大的变化，由于有机物的存在，会改变土或砂的亲水性、可塑性等性质。还有其他研究发现，1%的腐殖质在土中，它的作用相当于土中其他 1.5%的土颗粒产生的作用。所以，当土体中含有有机质时，土体的性质会发生很大的变化，比如亲水性、可塑性和压缩性，透水性等这些典型的性质都会受到较大影响。同时，土体中的阳离子交换也会因为腐殖质的存在而受到巨大的影响，腐殖质每增加 1%的量，土体中的阳离子交换容量也会增加 1mmol/100g，土体中的阳离子交换容量会随着土中腐殖质含量的增长而增长。

苟勇探讨了有机质对水泥土强度的影响并且提出了固化处理方案，通过抗压试验与扫描电镜分析实际固化效果；潘林有进行了有机质软土添加剂的室内配方研究，对淤泥提出了固化施工方案，并且总结了施工中的注意事项；Helene Tremblay 通过对不同有机质土进行水泥土实验，并对水泥土试样进行不排水剪切试验，深入研究了有机质对水泥固化效果的影响；Samir Hebib 对爱尔兰中部地区的泥炭土进行了固化试验，通过抗压强度试验与土结构分析研究了不同固化材料的效果；赖有修对成桩质量较差的深圳南澳镇某厂房地基土进行了固化试验；邵玉芳研究了腐殖酸、胡敏酸和富啡酸的质量分数及水灰比、龄期、水泥掺入比等因素对水泥土强度的影响。结果表明含有腐殖酸的水泥土无侧限抗压强度只有普通水泥土无侧限抗压强度的 1/3，并且指出腐殖酸对土体的影响是长久的；徐日庆通过人工掺入腐殖酸调配有机质土，并进行试验研究，发现液限和塑限与土有机质含量之间的作用规律，并且拟合了固化土抗压强度与有机质含量之间的关系；张树彬从工程现场采样，对试验固化土腐殖酸成分进行对比试验分析，从微观上分析腐殖酸组分对固化效果的影响；Harvey Omar R 解释了蒙脱石中有机质的成分和含量对水化硅酸钙生成的影响；Erdem O. Tastan 采用粉煤灰固化有机质土，把固化土的抗压强度和回弹模量作为考察固化效果的指标。结果表明粉煤灰能显著改善有机质土土体强度，与土体强度相关性较大的是粉煤灰中 CaO 含量与 CaO/SiO₂ 比值。

1.2.5 有机质软土加固过程中的影响因素研究

前人对于有机质软土的力学性质的研究主要是从以下这些方面出发进行研究：水泥掺入量、外加剂以及土的含水量等。

1. 水泥掺入量对土的力学性质的影响

张春雷、汤怡新、杨永狄等人通过试验研究了水泥掺入量对有机质水泥强度的影响。众多研究结果发现关于水泥掺入量存在一个掺加范围内的极限值——最小值，当水泥掺入量小于这个最小值时，有机质土几乎没有固化效果，试样抗压强度与水泥掺加量的关系如以下公式：

$$q_u = k(a_w - a_o) \tag{1.2}$$

式中　q_u——无侧限抗压强度，kPa；

　　　k——固化系数；

　　　a_w——水泥掺加量，kg/m^3；

　　　a_o——水泥最小掺加量，kg/m^3。

2. 土的含水量对其力学性质的影响

周承刚、汤怡新等人也通过试验研究了土体的含水量与水泥土力学性质之间的作用关系，试验结果表明：一定范围内，当土体的含水量增加时，有机质水泥土的强度会下降；当土体的含水量下降时，有机质水泥土的强度会增加。《地基处理手册》中指出：土样的含水量每降低 10%，无侧限抗压强度增加 10%～30%。汤怡新等人通过试验得出水泥土无侧限抗压强度与土样含水率之间的关系式如下：

$$q_u = k(a_w - a_o)/(wG_s/100 + 1)^2 \tag{1.3}$$

式中　q_u——无侧限抗压强度，kPa；

　　　k——固化系数；

　　　a_w——水泥掺加量，kg/m^3；

　　　a_o——水泥最小掺加量，kg/m^3；

　　　w——土的含水率，%；

　　　G_s——土粒比重。

刘顺妮通过外加剂对不同含水量的黏土进行固化处理，结果表明含水量不同，外掺剂的作用效果也不同。含水量高的黏土，多掺加外掺剂提高固化土抗压强度，含水量低的黏土，应适当控制外掺剂含量，提高固化土抗压强度。

朱龙芬研究了含水量变化与水泥土强度之间的关系，并指出含水量变化影响的阈值。当其他因素一定时，含水量大于阈值时，有机质土固化效果不明显。

邵玉芳通过试验研究发现淤泥的含水量对固化效果影响较大，并对杭州西湖淤泥进行了固化试验。

谢志强对高含水量淤泥进行了固化试验，试验结果发现当含水量处于一定的变化范围内，淤泥的收缩性会随着试样初始含水量的增加而增加，但是强度却随着含水量的增加而减小。

3. 外加剂对土的力学性质的影响

黄新、刘毅、董邑宁、童小东、刘瑾、楼宏铭、王梅、荀勇、G. Rajas-ekaran、Masashi、范昭平、刘顺妮等人通过试验，研究了外加剂对土的力学性质的影响，董邑宁等人将普通的未经过外加剂处理的水泥土加固情况与经过外加剂处理后的水泥土加固情况进行对比，发现经过外加剂处理后的水泥土的加固情况要明显好于普通的只经过水泥加固的水泥土；黄新和刘毅等人用废石膏、磷石膏进行软土加固试验，也得到类似的结论，研究发现添加外加剂处理后的水泥土的加固情况要明显好于普通加固的水泥土；刘瑾和楼宏铭研究了GCLI减水剂在淤泥固化试验中的作用效果。

4. 有机质含量对土的力学性质的影响

近年来，随着经济发展，工程项目数量的增多，对软土中有机质因素的研究也越来越多。荀勇研究了有机质含量与水泥土强度之间的关系；《软土地基深层搅拌法规程》中指出影响水泥土抗压强度的主要影响因素，并分析了水泥掺入量、有机质含量与水泥土抗压强度之间的关系，一般情况下，土中的有机质含量增加，水泥土的强度反而会下降；根据华东经验，在使用水泥搅拌桩加固处理地基时，前提是土中的有机质含量是有一个范围限定的，一般不大于6%，对此，国外很多学者也进行过类似的研究，他们的研究结果认为使用水泥搅拌桩加固地基时的有机质含量的容许值应该只有2%。

东莞市某企业新建的厂房项目中，由于第二层地层中含有淤泥，有机质含量偏高，影响水泥水化反应的进行，深层搅拌桩水泥土根本无法固结，水泥土强度很低。研究也表明水泥土搅拌桩不得作为地基处理加固使用在有机质含量超过9%的土中，如果土中的有机质含量超过7%时，水泥土搅拌桩也不宜使用。

陈慧娥通过试验对有机质的组成成分是如何影响水泥的性状进行了研究，她建议视有机质的组成成分而定，选用合适的掺加剂进行试验。

Bertron等研究指出，有机酸物质由于本身所具有的酸性，对水泥有侵蚀作用，同时有机酸可以和水泥的水化产物相反应，长期下去，有机酸物质会增加水泥土的孔隙，降低水泥土的力学性质，并且酸性越强的有机酸物质的侵蚀速率越大。

曾卫东等从微观上对有机质颗粒进行了研究，并且解释了有机质颗粒是如何影响土颗粒与水泥颗粒之间进行水解水化反应。研究表明由于有机质颗粒小，吸附性较强，有机质颗粒容易吸附于黏土颗粒和水泥颗粒的表面，影响水泥和黏土表面之间的接触，进而阻碍了水化反应的进行，而且颗粒表面的双电层，也会影响水泥的水化反应，影响水泥土加固效果。

1.2.6　有机质土加固试验研究

我国从 20 世纪 70 年代开始，从国外引进了先进的工程技术。这些先进的技术以及先进的仪器设备的使用很大地提高了工程项目建设的效率，随着建设效率的提高，工程项目的数量也随之提高，各种条件越来越复杂的项目也都出现了，当然对工程的要求也会越来越高，对新技术的渴望也会越来越明显，其中在地基处理和加固方面，水泥加固土复合地基就是地基处理的一种有效方法。由于有机质土具有很多不明确的工程性状，在工程建设中容易产生事故，造成恶劣的影响，所以国内外对其进行的研究很多，并且需要进行深一步的研究。

淤泥质黏土中当有机质含量从 1％变化到 10％时，水泥土的抗压强度会降低 30％。有机质含量会改变土体的水容量、塑性、膨缩性和渗透性，并且自身的酸性会侵蚀土体，这些因素都会影响水泥的水化反应。

陈甦等对黑土的试验研究表明：水泥掺入比水泥土试块后期的强度影响较大，在一定范围内，水泥土后期的强度会随着土体中有机质含量的增加而减小，焦志斌也有过类似的研究。

陈慧娥和王清利用 SEM 对水泥土进行了微观研究，发现土中有机质含量越高，试样结晶程度越低，水泥土强度也越低。

范昭平等人利用两种淤泥首先进行配比，然后通过水泥土加固试验，发现有机质含量不同也会导致两种淤泥加固土的强度差别较大，试验用的淤泥有机质含量相差 4.4％，最后试验结果的水泥土强度相差高达 2.3～4.4 倍；试验中还发现低有机质土中有机质含量的变化对水泥土强度的影响存在一个有机质含量影响值，当有机质含量高于 4.3％时，有机质含量对水泥土加固产生的影响不明显。

在进行水泥土加固和处理的试验中，一般都会在水泥土中掺加外加剂。赖有修和詹达美对水泥搅拌法在软土地基加固处理中的使用进行论述，并指出水泥搅拌法不宜作为软土地基加固处理使用在有机质含量大于 10％的土体中，当有机质含量大于 3％时，施工中一定要考虑有机质的不益作用。

1985 年冬，通过我国西南地区的一个地基加固工程，发现石膏在泥炭土加固中的效果很明显，使用磷石膏加固后的水泥土抗压强度比没有使用磷石膏普通的水泥抗压强度大得多，这个发现在泥炭土加固研究领域具有重要的意义。

荀勇采用多种改性材料对有机质含量不同的软土进行试验，分析每种材料中有机质含量的影响，并提出了有机质含量对水泥土抗压强度影响的措施。

林琼通过研究发现富里酸是有机质组成中影响水泥土强度的主要成分，其

一般以液态形式存在，然后其与水泥颗粒吸附组成吸附层，延缓了水泥的水化反应。当土体中有机质含量大于1％时，只用水泥进行加固效果较差。

Pousette等通过研究发现泥炭土水泥土抗压强度随龄期的增大而增大。

Ahnberg和Holm对掺和料种类对有机质土加固效果的影响进行研究，发现掺和料的种类、数量、养护温度和养护条件等影响有机质土加固效果。

Gotoh研究了多种影响因素对水泥土抗压强度的影响，并指出了各项因素的修正公式，为工程上的计算提供了借鉴。

Miura等通过研究发现，当土体中有机质含量小于6％时，石灰的加固明显要比水泥的效果好，但是当土体中有机质含量大于8％时，水泥的加固效果要更好。

焦志斌等通过对有机质的定性分析发现水泥土的抗压强度随水泥掺入量的增大而增大，随土体中有机质的含量增大而减小。

李琦等将早强剂与减水剂结合使用加固有机质含量较高的淤泥，并取得不错的效果，掺加外加剂的水泥土抗压强度比不加外加剂的要高21％～44％。

S. Valls等对淤泥进行水泥加固研究发现，水泥的掺入比越小，固结时间就越长，并指出$CaCl_2$最合适的量为水泥用量的3％，当$CaCl_2$的用量为1％时，没有加固效果，当$CaCl_2$的用量为2％时，加固效果不明显。

1.3　研究内容及技术路线

1.3.1　研究内容

本书主要进行了以下研究工作：

1. 有机质浸染砂基本工程性质及成因分析

通过一系列常规土工试验及扫描电子显微镜等分析测试仪器和手段对试验砂样进行分析，了解有机质浸染砂的密度、比重、颗粒级配、最大干密度、有机质含量、元素矿物成分及微观结构，并结合形成环境分析反演其形成过程。

2. 有机质浸染砂三轴试验研究

通过一系列应力路径三轴试验，系统分析了围压、排水条件及应力路径对有机质浸染砂的强度和变形规律的影响，根据三轴试验数据对 Duncan-Chang 模型进行适用性分析，并在原有模型的基础上进行改进，建立适合海南省的有机质浸染砂的本构模型。

3. 有机质浸染砂改性试验研究

分析了有机质的存在对砂样与水泥水化反应的影响，详细阐述了有机质浸染砂的改性机理。通过正交试验初步分析影响有机质浸染砂抗压强度的影响因素，以及各影响因素与强度之间的作用规律。具体内容如下。

（1）有机质浸染砂与普通砂对比试验。

（2）选用不同种类的水泥进行水泥土试块试验。

（3）选用不同种类的掺和料进行水泥土试块试验。

（4）选用一定范围的水泥掺入量进行水泥土试块试验。

（5）选用一定范围的水灰比进行水泥土试块试验。

（6）熟石灰替代水泥试块试验。

（7）熟石灰最优掺入量试块试验。

对室内改性试验的结果进行综合分析，找出有机质浸染砂改性试验最适宜的水泥、掺和料、水泥掺入量和水灰比等，总结各影响因素的最优配合比，并对无侧限抗压强度试验试块进行单轴应力应变分析，找出有机质浸染砂试块应力应变规律。

4. 水泥土强度预测研究

基于有机质浸染砂室内改性试验结果，学习 MATLAB 软件，编写程序，系统分析水泥掺入比和水灰比对 P·C32.5 与 P·O42.5 水泥两组试验强度的影响，建立有机质浸染砂水泥土 28d 抗压强度预测公式。

5. 介绍了"热加固桩""钢筋纤维水泥土桩""竹筋混凝土桩""竹筋水泥土搅拌桩""冻结水泥土搅拌桩""套管竹筋水泥土桩""冻结高压旋喷桩"和"微生物加固桩"这 8 项加固成桩技术

丰富并创新了在有机质浸染砂中的地基处理技术。

1.3.2　技术路线

技术路线见图 1.4。

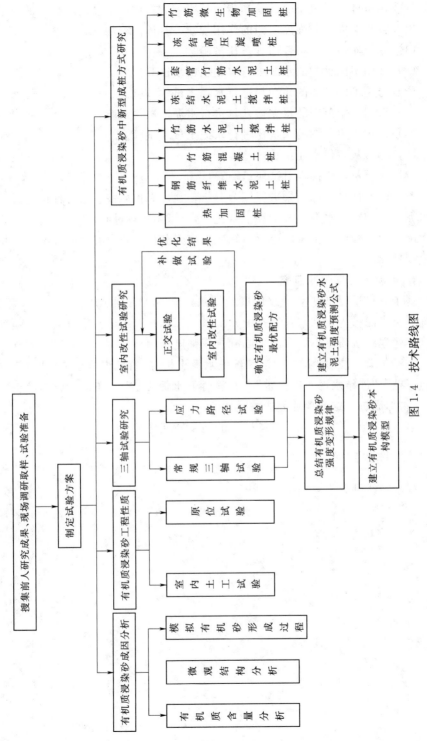

图 1.4 技术路线图

2 有机质浸染砂工程性质及成因分析

2.1 概述

本书试验用海湾相有机质浸染砂样取自海南省文昌市龙楼镇清澜湾某工程场地，在海南省东北部，区域内构造活动频繁，植被繁茂，工程场地地形平坦，距离海边直线距离约为2000m，属于海成Ⅰ—Ⅱ级阶地地貌。在钻探所达深度范围内的土层均属于第四纪海相沉积物，以砂土为主，下部底层为花岗岩。根据该场地勘察报告，场地工程地质剖面见图2.1。

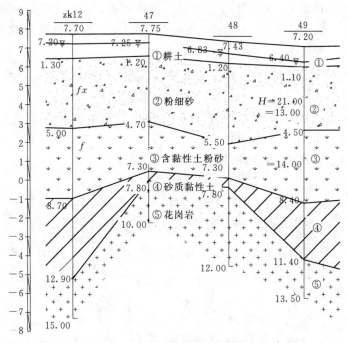

图 2.1 取样场地工程地质剖面图

①耕土。湿度：稍湿-饱和；密实度：稍密。黄褐-灰色粉砂为主；上部夹植物根系；含黏性土。②粉细砂。湿度：饱和；密实度：中密。黑灰-灰色；含云母、石英。③含黏性土粉砂。湿度：饱和；密实度：稍密。灰色；含云母、石英；夹较多黏性土。③1粗砂；湿度：饱和；密实度：稍密。灰色；含云母、石英；夹大量贝壳碎屑。④砂质黏性土。湿度：饱和；状态：可塑-硬塑；密实度：密实。灰-灰绿色；为花岗岩残积土，主要成分为石英、长石。⑤花岗岩。灰白色；主要成分为石英、长石，取芯呈短柱状及碎块状，岩石坚硬程度为较硬岩，完整程度为较破碎，岩石基本质量等级为Ⅳ类。

该工程场地就是因为用水泥土搅拌桩进行地基加固处理时成桩效果差，强度低，止水失效等诸多因素，致使该工地基坑西北角在开挖到约 5m 深的时候发生垮塌，工程被迫停工，更改设计，因为这个工程事故，不仅延误了建设工期，还增加了工程的建设成本。

后期在相关机构的检测报告中发现，本基坑的水泥土搅拌桩在 2～5m 深的砂层中根本没有成桩，对水泥土搅拌桩进行取芯样检查发现其强度只有 0.2MPa 左右。进而对该砂层取样检测，发现该砂层中的有机质含量为 5%～8%，检测报告最终结论显示正是由于该基坑砂层中富含有机质，影响了砂颗粒与水泥颗粒的水化反应，使水泥土搅拌桩的成桩效果差，强度低，止水失效，最终引发了工程事故。

2.2　现场调查取样

根据施工现场的情况、岩土工程勘察报告和相关监测资料进行了取样：

1 号样（第二层土）：粉细砂，黑色或灰褐色，有稍许的臭味儿，饱和，稍密，取样土层深度 2～5m。

2 号样（第三层土）：含黏性土粉砂，灰色，饱和，稍密，取样土层深度 5～7m。

按照基坑设计文件，采用同种水泥（32.5 硅酸盐水泥），设计掺量 10%，在室内进行的水泥土试块试验，其结果证实：正是在 1 号样（第二层土）所处的土层，水泥土搅拌桩成桩质量很差，见图 2.2。

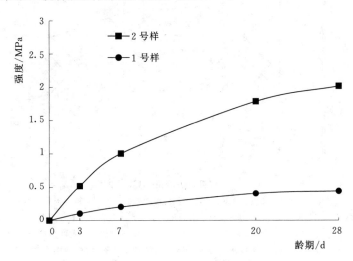

图 2.2　1 号、2 号样 28d 龄期无侧限抗压强度

　　根据上述试验结果，我们确定了研究对象——1号样。

　　有机质土一般呈深褐色或者黑色，含水率较高，压缩性很大且不均匀，往往以夹层构造形式存在于一般黏性土层中。

　　在现场取样时观察到：1号样（第二层土）的颜色有黑色和灰褐色两种，深色土（黑色）和浅色（褐色）土在水平方向呈层状分布，在竖直方向依次叠铺；土样颗粒手感细腻，大块土样稍一用力就可捏成粉末；土样含水率较高，处于饱和状态。见图2.3。

图2.3　现场取样图

　　根据上述描述，分析认为：1号样中可能含有有机质，水泥土搅拌桩成桩质量差的原因可能正是其中含有的有机质所致。土样应该是在不同的地质年代沉积形成，土样中很可能含有有机质，土样的颜色的差异应该是含水率不同造成的色差或者是有机质含量的不同造成的（后证实为有机质含量不同造成的颜色差异）。

2.3　有机质含量及微观结构分析

2.3.1　有机质含量的测定

　　土中有机质含量的测定有容量法、质量法和比色法等多种方法，本书采用质量法中的灼烧法进行试验。试验原理为：有机质在高温灼烧下分解挥发，通过测定砂样的烧失量即可得到有机质含量。

仪器设备：烘箱；天平（分度值0.001g）；干燥器；坩埚；马弗炉等。

操作步骤：

（1）取风干碾碎后的砂样约100g置于烘箱中，在65℃下烘干至恒重，除去砂样中的水分，并置于干燥器中备用。

（2）称量坩埚质量m_1，将约20g的烘干砂样装入坩埚中，称量坩埚和灼烧前砂样的总质量m_2。

（3）将坩埚放入马弗炉中，在600℃高温下灼烧30min后取出，放入干燥器中冷却、称重，重复灼烧、冷却和称重操作，至连续两次称重质量差在0.005g以内，认为有机质已完全分解，记下此时坩埚和灼烧后砂土的总质量m_3。

（4）重复步骤（2）、（3）两次，进行两次平行试验，要求平行误差m_1不大于0.3%，取平均值作为有机质含量。

砂样中有机质含量按下式计算：

$$有机质含量 = \frac{m_2 - m_3}{m_2 - m_1} \times 100\% \tag{2.1}$$

式中　m_1——坩埚质量，g；

m_2——坩埚、灼烧前砂土总质量，g；

m_3——坩埚、灼烧后砂土总质量，g。

对各组土样的有机质含量的测定结果见表2.1。

表2.1　　　　　　　　　　有机质含量测定结果

分组	有机质含量平均值/%	取土深度/m
1	7.56	2～3
2	6.88	3～4
3	5.26	4～5

注　普通砂的有机质含量为0。

根据《土的工程分类标准》（GB/T 50145—2007）中的规定，该砂土有机质含量介于5%～10%，为有机质砂土。且随着取土深度的增加，有机质含量减少。

用焙烧法去除了试验砂样部分有机质后（因一次试验需要大量的土，无法送检测中心进行焙烧，是采用烤箱，在温度350℃下分批反复烘烤制得的试验土样，无法完全去除其中含有的有机质），重新按照基坑设计文件，采用同种水泥（32.5硅酸盐水泥）设计掺量10%，在实验室进行试验。通过试验发现，去除有机质后的试块同龄期强度有很大提高，这也进一步证实了正是砂样中的有机质影响了水泥土搅拌桩的成桩效果。试验结果见图 2.4。

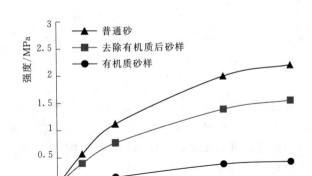

图 2.4　试验砂样去除有机质后无侧限抗压强度

2.3.2　有机质存在形式分析

1. 砂中有机质存在形式的分类

砂中有机质的主要来源是微生物、动植物生命活动的产物及其生物残体分解和合成的各种有机物质，包括非腐殖物质和腐殖物质，土中有机质的主体就是腐殖物质。如果土中有机质基本上未受到微生物的分解作用，或者多少受到了点儿微生物的作用，但有机质并未为被完全分解，如贝壳砂，在土中就有肉眼可见的较大有机质颗粒；如果有机质被微生物完全分解，如淤泥，腐殖质大多数与土中无机成分相结合，以复合体的形式存在于土体中。

对试验砂样在放大镜和扫描电镜下的观察表明，砂样不像贝壳砂，土样中的有机质没有呈颗粒状独立存在。

据此判断，其有机质存在形式应该是和淤泥中一样，有机质和砂中矿物成分相结合，以复合体的形式存在于土体中。有机质浸染砂中的有机质应该是经过了微生物的完全改造后，腐殖质吸附于砂颗粒的孔隙中或者进入进入矿物的晶格构成一系列新矿物或矿物变种，有机质和砂颗粒结合在了一起。

2. 有机质浸染砂中有机质的溶解性分析

取在 70℃温度下烘干 24h 的试验砂样若干，每种样分 3 组，每组 20g 左右，用精密天平测其质量，分别在将砂样置于 pH 值为 7.0 的蒸馏水（H_2O）、pH 值为 5.0 的（HCl）酸溶液和 pH 值为 9.0 的（NaOH）碱溶液中浸泡 48h 后过滤烘干，冷却至室温后测质量，浸泡前后质量差就是其质量损失。

Ⅰ号、Ⅱ号样的质量损失率见表 2.2。

表 2.2　　　　　　　　　　不同溶液中的质量损失率

质量损失率/%		
蒸馏水	酸溶液	碱溶液
0.436	0.432	0.356

注　各数据均为平均值。

考虑到试验过程（主要是过滤过程中）造成的不可避免的质量损失，由以上数据我们可以看出：试验砂样在 3 种溶液中的质量损失均很小，基本可以认为没有损失。从中也可以判断出试验砂样中的有机质应该是附于砂颗粒表面并和砂颗粒很好地结合在了一起。

浸泡土样后的蒸馏水溶液呈弱酸性，采用 pH-8 笔型 pH 计测定其 pH 值 6.21。这一现象也就可以解释在碱溶液中测定的质量损失要比在蒸馏水和酸溶液中测定的质量损失要少的原因，即有机质中的腐殖酸所带有的羧基、酚羟基容易解离，氨基易质子化，使得土样在溶液中能电离出氢（H^+）离子，而使土样呈弱酸性。土样中的氢（H^+）离子与碱溶液中的氢氧根（OH^-）离子反应生成了水（H_2O），碱溶液中的钠（Na^+）离子与其他阴离子结合、沉淀，所以其质量损失较小，这为解决在有机质浸染砂中水泥土成桩质量差的问题提供了依据。

2.3.3　化学成分及微观结构分析

本试验在海南大学分析测试中心进行，采用能谱仪（EDS）、扫描电子显微镜（SEM）和 X 射线衍射（XRD）等分析测试仪器和手段对本试验砂样进行分析。

为了解砂样的化学元素组成，首先采用能谱仪对试验砂样进行元素分析，结果见表 2.3 和图 2.5。

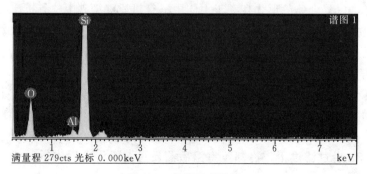

图 2.5　砂样元素谱图

表 2.3	砂 样 元 素 组 成	
元素	重量百分比/%	原子百分比/%
O	42.91	56.86
Al	1.95	1.53
Si	55.13	41.61
总量	100.00	100.00

根据能谱仪结果，有机质浸染砂主要含有 Si 和 O 元素，并含有少量 Al 元素，再进行 X 射线衍射试验，分析砂样的矿物成分，结果见图 2.6。

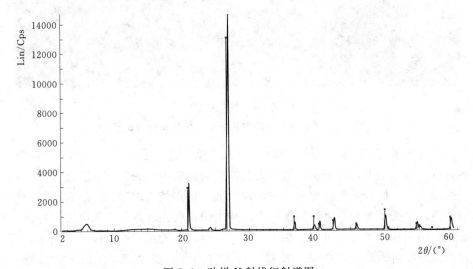

图 2.6 砂样 X 射线衍射谱图

由分析测试结果可知，砂样中主要成分为 Si_2O_3，主要矿物组成为云母、石英。

为了解试验砂样的微观结构，需要借助扫描电镜等仪器对其进行观察。对试验砂样和普通砂进行电镜扫描，见图 2.7。

由图 2.7 可以看出普通砂颗粒表面粗糙，骨架松散，颗粒间孔隙较大，颗粒呈棱角状，磨圆度较差，而试验砂样颗粒表面较光滑，孔隙较小，磨圆度较好，颗粒排列具有一定的定向性。

结合该砂土的形成环境分析认为：海洋中大量的生物残体及代谢物在微生物的分解作用下形成腐殖质，海水中悬浮的腐殖质在盐离子的作用下凝聚，在海浪的搬迁下与海岸带的土颗粒相结合。这种砂土中的有机质一般吸附于砂颗粒的表面、浸入砂颗粒的孔隙中，并与砂颗粒中的矿物成分经微生物作用和长时间缓慢的物理化学作用结合在了一起，故将该砂土称为有机质浸染砂。

有研究表明，土中有机质的存在会对土的孔隙比、渗透性、酸碱性、压缩

（a）普通砂照片和电镜扫描图

（b）砂样照片和电镜扫描图

图 2.7 普通砂和试验砂样照片和电镜扫描对比图

特性及抗剪强度等产生显著的影响，对于工程建设十分不利。由图 2.6 可知，在有机质的作用下，砂土由松散的大孔隙变为致密的小孔隙，孔隙比变小，比表面积变大，使得吸附性增强，透水性降低，持水能力增强。由于有机质的润滑作用，降低了土颗粒之间的摩擦力，使土的抗剪强度降低，承载力下降。在氧化作用下，土中的有机质改变了土的结构性，土的压缩性增强，不利于施工及后续阶段对地基土沉降量的控制。有机质的存在也改变了土原来的酸碱环境，经测定试验砂样悬液呈弱酸性。有机质较高的物理化学活性使得该类土中水泥的固化效果往往较差，在海南的地基处理和基坑工程中就经常出现有机质砂层中水泥土搅拌桩失效的现象。分析认为，有机质浸染砂的弱酸性环境影响了水泥的水化反应，有机质覆盖在砂颗粒表面也进一步阻碍了水泥对土体的胶结作用，这是水泥加固土强度低的主要原因。

2.4 有机质浸染砂成因试验研究

2.4.1 试验设计

1. 有机质浸染砂成因的假想

取土的地点位于海南省文昌市龙楼镇龙楼镇距离海边 2000m 左右，属于海成Ⅰ—Ⅱ级阶地地貌。根据勘察报告，有机质浸染砂属于第四纪海相沉积物。

现代生物和化学研究表明，土壤中有机质的形成过程就是进入到土壤中的各种有机残体在土壤微生物的作用下，经过一系列的生物和化学变化，并不断地与土壤的矿质部分发生各种反应的过程。

综合前述信息，有机质浸染砂中有机质呈浸染状态存在，且有机质含量随着取土深度的增加而减少，所以认为其形成过程如下：

有机质浸染砂中有机质的主要来源是海岸带自然植被（木本或草本植物）的残体（地上的枯枝落叶、地下部的死亡根系及根的分泌物）及动物的残体（身体或其分泌物），这些动植物残体的细胞死亡后自溶生成的腐殖物质经游离基随机缩合或聚合而形成有机质颗粒，或者动植物残体经过微生物的作用，在微生物的代谢过程中形成有机质颗粒释放到砂土中，经过雨水和地下水的作用，渗透到地层深处，并经过漫长的岁月，在海洋和陆地交替影响下，逐渐吸附于砂颗粒的表面，然后侵入砂颗粒的孔隙中，并与砂中的矿物质等在漫长的岁月中发生了复杂的物理、化学和生物的反应，最终形成了特殊的海湾相有机质浸染砂，见图2.8。

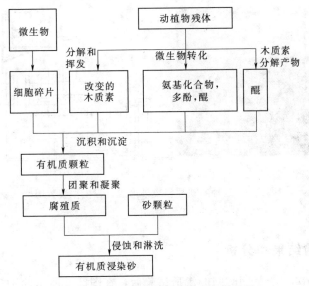

图2.8　有机质浸染砂形成过程假想图

土中有机质的含量与外在环境的影响是密切相关的，如气候的影响，其通过影响动植物的数量来改变进入土壤的有机残体数量，而且还会影响到动植物残体的分解速率。不同地质时期的气候或同一时期气候的变化都会影响到土中有机的含量。研究表明，陆地土中有机质的含量一般是随降水的增加而增加，在相同的降雨量时，温度越高，有机质含量越低，所以土中有机质的含量的分布据有时代性和地理地带性。

2. 试验方案

有机质浸染砂中的有机质是在雨水渗透作用下，在经过千百年的生物和化学作用下缓慢浸染到粉细砂颗粒中的，本次试验方案就是借助常水头渗透试验的装置（TST-70型渗透仪）来还原有机质的浸然过程，通过加大普通砂中的渗透水量和水中有机质的含量来缩短有机质浸染到砂颗粒中的时间。

如下还原有机质浸染砂的形成过程模拟装置图，在金属圆筒内的先放入一层普通砂或者海砂（有两套渗透仪，两个试验同时进行），上层放入高有机质含量的淤泥（有机质含量17.6%），上面的供水瓶中放拌有淤泥的水，渗透2个星期后测定图2.9（b）中①、②、③共3个位置土样的有机含量，如果有机质含量增加，则再对其进行电镜扫描，和有机质浸染砂的扫描图片对比，验证对有机质浸染砂成因的猜想是否正确。

试验中用到的普通砂和海砂统一过2mm筛，且按照有机质浸染砂颗粒分析的结果，人为调整普通砂和海砂的颗粒级配，尽量使其和有机质浸染砂的级配相似。

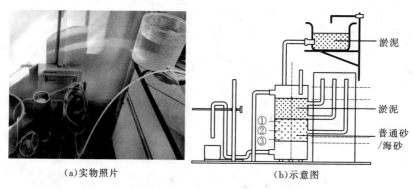

(a)实物照片　　　　　　　　　　(b)示意图

图2.9　还原有机质浸染砂形成过程模拟装置图
①—土样取点1；②—土样取点2；③—土样取点3

2.4.2　试验结果和分析

经过第一次2个星期时间的渗透试验后，在图2.9所示的①、②、③的位置各取3份土样烘干后测量其有机质含量，本次试验普通砂组和海砂组各土样有机质含量都是0，均无发现有机质有浸染入砂颗粒的迹象，没有达到试验的目的。分析可能是因为渗透试验过短，有机质颗粒还没有经过复杂的生物和化学作用浸入到砂颗粒表面，所以我们调整了试验方案，将渗透时间延长到3个月，且在上层淤泥和供水瓶的淤泥水中加入捣烂的枯枝烂叶等，增加其中的有机质含量。

在经过3个月的渗透后，图2.9（b）所示①、②、③各位置的有机质含量测定见表 2.4。

表 2.4 不同位置的有机质含量

组别 \ 位置	有机质含量/%		
	①	②	③
普通砂组	0.31	0.03	0
海砂组	0.29	0	0

注 进行了两次 3 个月的渗透试验,上述数据是两次试验的平均值。

从表 2.4 中可以看出,两组试验上层的土样中有机质含量增加了,且随着土样深度的提高有机质增加量变小,甚至没有增加。由此可以判断出对有机质浸染砂中有机质来源和其随土层深度的加深有机质含量降低的假想是正确的。因为土样中有机质只是稍微的增加了一点儿,根据电镜扫描的特点,试验前后不能看出砂颗粒表面的变化,所以取消了对试验后土样的电镜扫描。

2.5 室内土工试验

2.5.1 密度和相对密度试验

1. 密度试验

因为有机质浸染砂很容易破裂,按照《土工试验方法标准》(GB/T 50123—1999)相关规定,本试验采用蜡封法测量土样的密度,天然密度 $\rho_d = 1.617\text{g/cm}^3$。

2. 相对密度试验

对于砂土而言,密实程度对于其工程性质有非常重要的影响。密实的砂土因其高强和低压缩性被认为是良好的地基土,而松散的砂土压缩性大,作为地基容易产生较大的沉降,并且在动荷载作用下容易发生液化,是稳定性较差的土。

孔隙比可粗略地反映非黏性土的密实程度,孔隙比越大,土越密实,孔隙比越小,土越松散。但土的密实程度还与土颗粒的大小、形状及粒径级配有关系,孔隙比相同的不同砂土可能具有不同的密实程度。因此,需要相对密度这一指标来综合反映土的密实程度。

相对密度是工程上用于控制非黏性土密实程度的重要指标,指的是非黏性土在最松散状态下的孔隙比与天然状态下的孔隙比之差和最松散状态下的孔隙比与最密实状态下的孔隙比之差的比值。由于孔隙比难以直接测定,可通过测定密度来换算得到相应状态下的孔隙比,最松散状态下为最小密度,对应最大孔隙比，最密实状态下为最大密度，对应最小孔隙比。

根据相对密度可将砂土按密实程度划分为 3 类：①$0<D_r\leqslant0.33$，土处于松散状态；②$0.33<D_r<0.67$，土处于中密状态；③$0.67\leqslant D_r<1$，土处于中密状态。

根据《土工试验规程》（SL 237—1999），最小干密度采用量筒和漏斗测定，最大干密度采用振动锤击法测定，结果见表 2.5、表 2.6。

表 2.5　　　　　　　　　　最小干密度试验结果

编号	砂样质量/g	砂样体积/mL	最小干密度/(g/cm³)	平均值/(g/cm³)
1	700	445	1.573	1.570
2	700	447	1.566	

表 2.6　　　　　　　　　　最大干密度试验结果

编号	砂样质量/g	砂样体积/mL	最大干密度/(g/cm³)	平均值/(g/cm³)
1	1995.0	1169.54	1.706	1.713
2	1991.5	1157.18	1.721	

有机质浸染砂的最小密度 $\rho_{d\min}=1.570\text{g/cm}^3$，最大密度 $\rho_{d\max}=1.713\text{g/cm}^3$；天然密度 $\rho_d=1.617\text{g/cm}^3$。

有机质浸染砂的相对密度 $D_r=\dfrac{e_{\max}-e_0}{e_{\max}-e_{\min}}=\dfrac{\rho_{d\max}(\rho_d-\rho_{d\min})}{\rho_d(\rho_{d\max}-\rho_{d\min})}=0.56$，为中密砂。

2.5.2　比重试验

土的颗粒比重指干土颗粒的密度与 4℃时纯水的密度之比，为无量纲的量。用于反映土的组成矿物的性质，是土的 3 个基本物理指标之一，经常用于其他指标之间的换算。

《土工试验规程》（SL 237—1999）中对于土粒比重试验所采用的方法做了详细说明，按照土粒粒径的不同，可分别采用比重瓶法、浮称法和虹吸筒法。本试验土样粒径小于 5mm，采用比重瓶法。

通常情况下，在进行土粒比重测定时可采用纯水作为介质，然而对于一些性质比较特殊的土，如本试验中的有机质砂土，要选用中性液体进行测定。本试验砂样含有机质，选用煤油作为中性介质进行试验。

由于温度过高时容易导致砂样中有机质的烧失，故砂样在烘箱中烘干时温度应控制在 65～70℃恒温，烘至恒重。

仪器设备：烘箱；容量瓶，100mL，短颈；天平，分度值 0.001g；真空抽气设备；温度计，分度值 0.5℃；漏斗；滴管；煤油等。

操作步骤：

（1）将比重瓶烘干，装烘干砂样约 15g 到比重瓶内，称比重瓶与干土总质量。

（2）将煤油加入到比重瓶中漫过土颗粒至比重瓶 1/2 处，摇动比重瓶使砂土颗粒与煤油充分接触，使大体积气泡释放出来。将比重瓶放置到抽气缸中，用真空泵抽气至缸内气压接近 −98kPa，并继续抽气 1～2h，直至比重瓶内砂土粒悬液中无气泡溢出。抽气过程中可震动抽气缸，使砂土颗粒悬液中的气体更快溢出。

（3）取出比重瓶，继续注入煤油至接近瓶口，在等待瓶中砂土颗粒悬液澄清的过程中，可用比重计测定该温度下试验所用煤油的比重。

（4）将带有毛细管的瓶塞塞好，由于压力作用瓶中多余煤油会从毛细管中溢出，待稳定后将瓶外煤油擦干，称瓶、煤油和土总质量。

土粒比重按下式计算：

$$G_s = \frac{m_d}{m_1 + m_d - m_2} G_{kt} \tag{2.2}$$

式中 m_d——干土质量，g；

m_1——瓶、煤油总质量，g；

m_2——瓶、煤油、土总质量，g；

G_{kt}——t℃时煤油的比重（实测值），精确值 0.001g。

本试验须进行两次平行测定，平行误差不得大于 0.02，取平均值作为土样的比重，试验数据见表 2.7。

表 2.7　　　　　　　　　　　　比 重 试 验 结 果

编号	瓶质量/g	瓶＋干土质量/g	瓶＋干土＋煤油质量/g	瓶＋煤油质量/g	比重	平均值
1	32.987	49.426	121.115	109.628	2.6115	2.621
2	35.550	51.049	126.565	115.702	2.6311	

注　试验温度为 20℃，此温度下煤油的比重实测值为 0.787

海南有机质浸染砂比重平均值为 2.621。

2.5.3　颗粒分析试验

土的工程性质在很大程度上由构成土体骨架的固体颗粒的大小及组成所决定，不同粒径组成的土的强度、压缩性、渗透性及密实度等均有很大差异。为方便表示，工程上将粒径在某一范围内、性质相似的土粒归为一组，称为粒组。土的颗粒分析试验就是确定土中各粒组的相对含量（即粒径级配）。

颗粒分析试验常用的有筛析法、密度计法及移液管法。

本试验砂样的颗粒分析试验采用筛析法，根据规范要求选用细筛，孔径为 2.0mm、1.0mm、0.5mm、0.25mm、0.075mm。

称取砂样 500g，倒入依次叠好的细筛中，进行筛析。待充分振筛后，由上而下取下各筛，称各筛上及底盘中砂样质量。结果见表 2.8。

表 2.8　　　　　　　　　　不同孔径筛余质量及百分比

孔径/mm	留筛土质量/g	小于该孔径的总土质量百分数/%
2.0	3.08	98.77
1.0	18.74	95.03
0.5	14.08	92.23
0.25	75.61	77.16
0.075	382.40	0.97

注　2mm 筛上的土小于总质量的 10%，可略去粗筛筛析

按《铁路工程岩土分类标准》（TB 10077—2001）规定，粒径大于 0.075mm 的颗粒超过总质量的 85% 为细砂土，本试验用砂属于细砂土。

根据上表可绘制粒径大小分布曲线，见图 2.10。

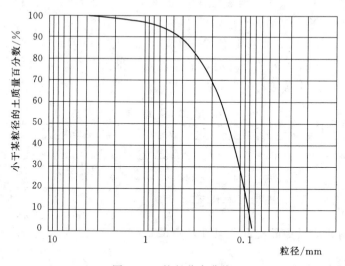

图 2.10　粒径分布曲线

由图 2.10 可知，粒径分布曲线较陡，颗粒比较均匀，粒径范围较窄，并可求出：$d_{60}=0.18$mm，$d_{30}=0.14$mm，$d_{10}=0.087$mm。

据此可求得不均匀系数 $C_u = \dfrac{d_{60}}{d_{10}} = 2.07$，曲率系数 $C_c = \dfrac{d_{30}^2}{d_{60}d_{10}} = 1.25$，该砂样属级配不良土。

2.5.4　击实试验

在工程实践中，人们为了改善土的工程特性，例如提高土的强度，降低土的渗透性和压缩性，经常采用人工压实的方法使场地内的土满足工程的要求。

土工击实试验就是在模拟现场施工条件下，确定土的最大干密度和最优含水率的一种试验方法。根据试验结果，结合现场压实土的实测干密度，可得出现场土的压实度（实测干密度与最大干密度的比值），用以控制现场施工情况，压实度是评价土的压实质量重要指标。

土的压实特性跟压实功和压实方法有密切关系。当压实功和压实方法不变时，土的干密度随先含水率的增加而增大，当干密度达到最大值后，干密度反而会随含水率的增加而减小。此最大值即为最大干密度，相对应的含水率为最佳含水率。

《土工试验规程》（SL 237—1999）规定，击实试验可依据土的粒径大小不同而选用不同类型的击实方法。对于粒径小于 5mm 的土，可采用轻型击实试验，对于粒径大于 5mm 而小于 20mm 的土，可采用重型击实试验。本试验砂样进行轻型击实试验，见图 2.11。

仪器设备：轻型击实仪；台秤，量程 10kg，分度值 5g；天平，量程 200g，分度值 0.1g；推土器等。

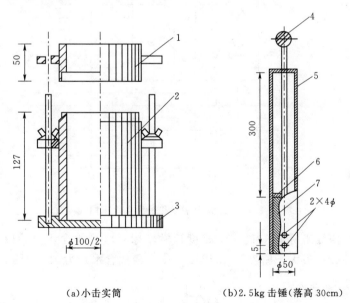

（a）小击实筒　　　　　　　　　（b）2.5kg 击锤（落高 30cm）

图 2.11　轻型击实试验仪器（单位：mm）

1—套筒；2—击实筒；3—底板；4—提手；5—导筒；6—硬橡皮垫；7—击锤

表 2.9 轻型击实仪主要部件规格

试验方法	锤底直径/mm	锤质量/kg	落高/mm	击实筒			护筒高度/mm
				内径/mm	筒高/mm	容积/cm³	
轻型	51	2.5	305	102	116	947.4	50

操作步骤：

（1）取 5mm 筛下风干砂样约 20kg，测定其风干含水率。将砂样均分为 5 份，按含水率由低到高加水配制试样，使中间含水率接近预估最优含水率。

（2）安装好击实仪，并在击实筒内壁涂一层润滑油。将制备好的一份砂样均分为 3 份，分 3 次倒入击实筒内击实，每层击 25 下，层与层之间找毛。

（3）取下护筒，将超出击实筒的砂样削去修平，拆除底板，擦净筒外壁，称重。

（4）用推土器推出砂样，在试样中心处取两份约 30g 砂土测其含水率。

（5）重复步骤（2）～（4）完成剩余四试样的击实试验。

根据砂土样的质量、体积及含水率即可计算出五含水率下的干密度，以干密度为纵坐标，含水率为横坐标，将各点绘制到坐标轴中并用平滑曲线连接起来得到干密度和含水率的曲线，结果见图 2.12。

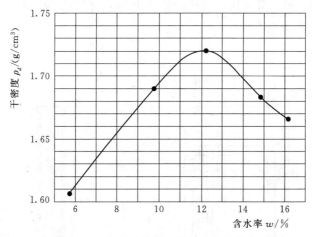

图 2.12 最大干密度和最优含水率曲线

曲线峰值纵坐标对应最大干密度，横坐标对应最优含水量，以由上图可知，本试验砂样最大干密度为 1.723g/cm³，最优含水量为 12.23%。

2.5.5 渗透试验

目前在实验室中测定渗透系数的 k 的试验方法和仪器种类很多，有机质浸染砂是一种砂性土，砂颗粒的孔隙多，砂土的渗透性一般较好，所以采用常水头试验比较合适。常水头试验装置见图 2.13。

试验严格遵照《土工试验方法和标准》（GB/T 50123—1999）中相关规定和步骤进行，标准温度下的渗透系数按照下列两式计算：

$$k_t = \frac{QL}{AHt} \qquad (2.3)$$

$$k_{20} = k_t \frac{\eta_t}{\eta_{20}} \qquad (2.4)$$

有机质浸染砂渗透系数：$k_{20} = 3.257 \times 10^{-3}$ cm/s。

上述试验结果与勘察报告上所给渗透系数（$k = 5.000 \times 10^{-3}$ cm/s）有差别，我们分析，可能是由于试验用土受到了扰动，其孔隙比加大，渗透性增加所致。

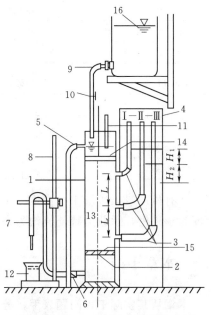

图 2.13　TST-70 型常水头渗透仪
1—金属圆筒；2—金属孔板；3—测压孔；
4—测压管；5—溢水孔；6—渗水孔；
7—调节管；8—滑动支架；9—供水管；
10—止水夹；11—温度计；12—量杯；
13—试样；14—砾石层；15—铜丝网；
16—供水瓶

2.6 原位测试

2.6.1 摇振反应试验

摇振反应试验是《岩土工程勘察规范》（GB 50021—2001）新增加的一个现场鉴别方法，该方法是将含水量接近饱和的土搓成小球，放在手掌上左右反复摇晃，并以另一手震击该手掌，观察土球表面有无光泽、有无水渗出，然后用手指捏该土球，光泽是否消失。根据其出水与消失的反应速度来判别土样中粉粒含量的多少，反应迅速的表示粉粒含量较多，反之则表示粉粒含量较少。

有机质浸染砂摇振反应的结果是：其出水和消失的反应速度都比较慢，说明其中粉粒含量较少，这和筛分试验结果是相吻合的。

2.6.2 标准贯入试验

标准贯入试验简称标贯试验，也称为 SPT 试验，是国内外通用的一种工程地质勘察的原位测试方法。它是利用质量为 63.5kg 的穿心锤沿导杆自由下落 760mm，将贯入器自钻孔底部高程，预先击入土中 150mm，继续击入 300mm，并记录打入 300mm 的锤击数（N），N 称为标贯击数。根据表 2.10 和表 2.11，可以通过标贯试验判断砂土的密实程度和承载力特征值 f_{ak}。

表 2.10　　　　　　　　　　砂 土 的 密 实 度

标准贯入试验锤击数	$N \leqslant 10$	$10 < N \leqslant 15$	$15 < N \leqslant 30$	$N > 30$
密实度	松散	稍密	中密	密实

表 2.11　　　　　　　　N 值和砂土承载力特征值 f_{ak}　　　　　　　单位：kPa

砂土类别	N 值/击			
	10	15	30	50
中砂、粗砂	180	250	340	500
粉砂、细砂	140	180	250	340

在有机质浸染砂层中（深度 4m 左右），其标贯击数为 $N = 12$，则其密实程度为：稍密，承载力特征值约为：$f_{ak} \approx 160 \text{kPa}$。

2.7　本章小结

本章从某实际工程问题入手，分析确定了有机质浸染砂为水泥土搅拌桩失效的原因。通过对有机质浸染砂进行一系列的土工试验，研究有机质浸染砂的工程性质，包括密度、比重、颗粒级配、最大干密度和最优含水率、渗透系数等。在确定有机质浸染砂的有机质含量及存在形式基础上，分析并反演有机质浸染砂的形成过程。

3　有机质浸染砂三轴试验研究

3.1　引言

在土力学理论的形成和逐步完善发展的过程中，土工试验起到了极其重要的作用，库伦公式是在直剪试验的基础上提出的，达西定律是从渗透试验中总结出来的，著名的剑桥模型也是基于黏土三轴试验建立的。随着土工试验测试技术的快速发展，土力学理论也飞速进步。在现代土力学体系中，试验土力学已经成为一个重要的学科分支。

自 20 世纪 30 年代，美国学者 Casagrnade 发明三轴试验仪以来，三轴试验作为深入研究土的力学特性的室内试验方法在科学研究和工程应用方便不断得到推广。

目前实验室用于测定土的抗剪强度的方法主要有直接剪切试验和三轴剪切试验，以下对这两种方法的优缺点对比分析。

直接剪切试验的优点：①试验设备构造简单、操作方便；②试验时间短，效率高。

缺点：①剪切面固定在上下剪切盒之间，与土体实际的最薄弱剪切面不一致；②剪切过程中，剪切面不断变化，导致抗剪强度计算误差较大；③无法准确控制排水条件，也不能量测孔隙水压力。

三轴剪切试验的优点：①能够严格控制排水及边界条件，并能准确测量试样中的孔隙水压力或体积变化；②试样的应力状态明确，剪切破裂面为最薄弱处，不是人工设定；③试样处于三维受力状态，比较接近土体的"真实"受力情况。

缺点：①试件为轴对称应力状态，忽略了中主应力的影响，与土体的实际应力状态有一定差异；②试验操作复杂，历时较长。

土的抗剪强度指标土的一个重要力学参数，对于岩土工程设计和施工具有十分重要的作用，而三轴试验是测试土的抗剪强度最为重要的室内试验方法之一。对于高层建筑及大型复杂工程的地质勘察，规范要求使用三轴试验来测定土的抗剪强度指标。三轴试验不仅可以测定土体的破坏强度，还可以得到应力应变关系，成为研究土的本构关系十分重要的工具和手段。随着社会经济的快速发展，大型高层建筑的不断兴建，以及本构理论研究的不断深入，三轴试验的应用更加广泛。

根据模拟试样受力情况的不同，三轴仪可分为静力三轴仪、动力三轴仪和特种三轴仪。根据加载控制方式的不同，静力三轴仪又可分为应变控制式三轴仪和应力控制式三轴仪。

应变控制式三轴仪主要是通过控制轴向加载杆的位移来实现以一定的轴向剪切速率对试样进行剪切，以应变方式控制加载，能反映土体的应力应变关系、强度变形特性，但不能反映时间对其影响，适用于常规三轴试验；应力控制式三轴仪是以预设的荷载组合对试样进行剪切，以应力方式控制加载，能反映土体应力应变随时间的关系，适用于应力路径三轴试验以及流变特性试验。

3.2 试验原理

三轴试验是将制备好的圆柱形土样放置在密封的压力室内，在围压和轴向偏差应力作用下剪切破坏，该试验能模拟土体的实际受力情况，得到土体的抗剪强度参数及应力应变规律，是研究土的强度变形特性及本构关系的重要方法。

三轴试验中的"三轴"指的是轴向和两个侧向，一般三轴试验压力室和试样均为圆柱形，为轴对称应力状态，试验过程中，侧向应力相等，为小主应力，轴向应力为大主应力。

三轴试验主要包括施加围压和剪切两个阶段。试验过程中，可根据需要设定围压和偏差应力的变化规律。工程上常用的是围压固定的常规三轴试验：

（1）施加围压阶段。在围压控制系统的调节下，通过压力室内的水对包裹着橡皮膜的土样施加一个各向相等的周围压力，见图 3.1（a）。

这一阶段中，若将排水阀打开，允许土样内孔隙水排出，使得孔隙水压力完全消散，并伴有土体积压缩，称为固结。若将排水阀关闭，不允许土样内孔隙水排出，使得土样内孔隙水压力无法消散，称为不固结。

（2）剪切阶段。保持围压不变，在轴向加载控制系统的调节下，对土样施加轴向偏差应力，直至土样剪切破坏，见图 3.1（b）。

剪切过程中，若将排水阀打开，允许土样内孔隙水自由进出，并根据土样渗透系数控制轴向加载速率，使得土样内不产生孔隙水压力，称为排水。若将排水阀关闭，不允许土样内孔隙水进出，土样内部孔隙水压力无法消散，称为不排水。

通常可用同种方法制得同一种土的 3 个或 4 个土样，在不同围压条件下剪切破坏，可求得每种围压下剪切破坏时对应的大主应力，并将结果绘制成一组

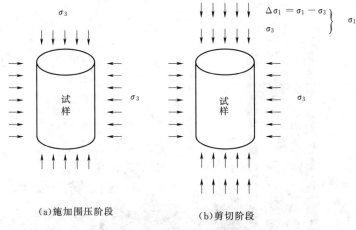

(a)施加围压阶段   (b)剪切阶段

图 3.1 常规三轴压缩试验

极限破坏莫尔应力圆。根据莫尔-库仑定律，可绘制出这些应力圆的包络线，即应力圆的公切线（一般接近直线），由此可求得土的抗剪强度参数黏聚力 c 和内摩擦角 φ，见图 3.2。

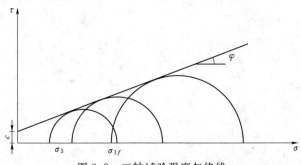

图 3.2 三轴试验强度包络线

3.3 试验仪器

试验采用海南大学土工实验室从美国 Geocomp 公司引进的"全自动三轴试验仪"，该仪器由轴向加载系统 Load Trac Ⅱ、围压控制系统 Flow Trac Ⅱ（Cell）、反压控制系统 Flow Trac Ⅱ（Sample）及计算机控制系统组成，见图 3.3、图 3.4。该设备配备直径为 35mm 和 50mm 两种尺寸底座。轴向加载系统包括高精度伺服电机、荷载架及力和位移传感器，由高速、精确的微步进电机给试样施加轴向荷载，轴向加荷范围为 0～22kN，位移传感器量程为 25mm，可执行常应变速率和常荷载速率加载，剪切速率可实现分级控制，应变速率可控制在 0.00003～15mm/min，力和位移可实时采集数据并及时反馈

图 3.3　Geocomp 公司生产的"全自动三轴试验仪"

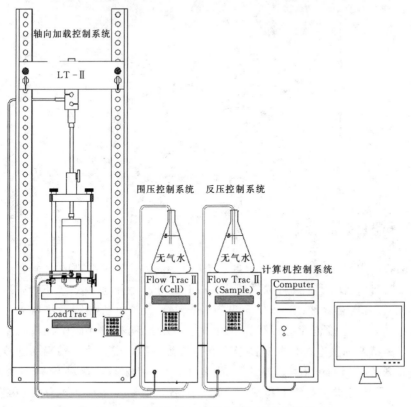

图 3.4　"全自动三轴试验仪"组成示意图

给控制系统，步进电机驱动荷载板上下移动，完成加载和卸载。围压控制系统和反压控制系统均包括高精度伺服电机、水泵及压力传感器，试验过程中，压力室内充满水作为压力介质，围压控制系统能测量和控制压力室内水的体积和围压的变化，反压控制系统能测量试样内孔隙水压力和孔隙水体积的变化。围压和反压系统压力传感器量程为 $0\sim1400kPa$，精度为 $0.07kPa$，体积传感器量程为 $250mL$，精度为 $0.001mL$。力和位移传感器可以完成 $10\sim500$ 个/s 数据点的采集。该仪器配备计算机软件，能实现全自动反压饱和、固结及剪切，完成不固结不排水、固结排水、固结不排水及应力路径试验，并且在试验过程中能通过软件不同模块窗口实时查看各个指标的变化情况。由于试验过程中尽量减少人为操作步骤，大大减少了试验过程中的偶然误差，并且仪器操作简便，试验精度较高，能顺利完成各种应力路径下的三轴试验。

3.4　试验方法

3.4.1　强度试验

三轴剪切试验是测定土的抗剪强度参数的方法之一，被称为土工试验中的"王牌"。按照固结及排水条件不同三轴试验包括 UU 试验、CU 试验和 CD 试验。可根据土的透水性质、施工条件以及具体工况选择不同的试验方法。

（1）UU 试验，不固结不排水剪切试验（unconsolidated-undrained shear test，UU）。

UU 试验没有前期固结过程，先施加围压，然后施加轴向荷载直至试样剪切破坏或者达到预设应变时试验停止。施加围压和轴向荷载阶段均关闭排水阀门，在整个试验过程中，试样含水率维持不变。

由于剪切过程中，试样不排水，试样完全饱和时所施加的荷载由孔隙水所承担，土颗粒间的有效应力大小不变，根据太沙基（Terzaghi）提出的有效应力原理，试样强度保持不变。不同围压条件下各个应力莫尔圆的直径相同，强度包络线近似为一水平线，即 $\varphi=0°$。

需要说明的是，UU 试验中"不固结"指的是不改变原土样的有效应力大小，对于原状土样而言，即为天然土层中的应力状态，对于重塑土而言，即为制样过程中形成的土的应力状态。不固结的意思是在施加围压的过程中土体不发生排水固结。

适用条件：对于饱和黏性土而言，土的渗透系数小，排水条件差，如果施工速度较快，土体中的水不能及时排出固结，可近似采用 UU 试验的参数进行地基基础设计和边坡稳定性分析。

（2）CU 试验，固结不排水剪试验（consolidation undrain，CU）。

CU 试验是先施加一定围压，排水固结至孔隙水压力完全消散，然后关闭排水阀，在不排水条件下施加轴向荷载直至试样剪切破坏或者达到预设应变时试验停止。试样在固结过程中体积和含水率逐渐减小，剪切过程中含水率不变。

排水固结阶段，试样被压密，密度随围压的增加而增大；剪切阶段，由于不允许排水，试样中产生孔隙水压力，土颗粒间的有效应力随围压的增加而增大，故不同围压下各应力莫尔圆的直径不同，强度包络线为一条斜线。据此可求出土体的强度指标 c_{cu}、φ_{cu}，由于剪切过程中同时测出了孔隙水压力 u，可求出破坏时的有效围压 $\sigma_3' = \sigma_3 - u$，有效轴向应力 $\sigma_1' = \sigma_1 - u$，应力莫尔圆的直径为 $\sigma_1' - \sigma_3' = \sigma_1 - \sigma_3$，即莫尔圆大小不变，只是平移了孔隙水压力的绝对值。可求出土体的有效强度指标 c_{cu}'、φ_{cu}'。

适用条件：对于排水条件不良的土体，建（构）筑物地基土经过预压密实、采取分阶段施工或者建筑物竣工较长时间后荷载突然增大（如建筑加层或边坡堆载等）以及堤坝水位突然下降等情况，可近似采用 CU 试验的参数进行强度和稳定性验算。

（3）CD 试验，固结排水剪试验（consolidation drain shear test，CD）。

CD 试验是先施加一定围压，排水固结至孔隙水压力消散，再施加轴向荷载直至试样剪切破坏或者达到预设应变时试验停止。在施加围压和轴向荷载的过程中一直保持排水阀门打开状态，试样含水率一直变化。为保证剪切过程中孔隙水压力保持不变，需要较慢的轴向应变速率。

排水固结阶段，试样被压密，并且随围压的增大而增大；剪切阶段，由于允许排水，试样中孔隙水压力保持不变，故土样破坏时的围压和轴向应力均为有效值，所得包络线为有效强度包络线，并可求出土体的有效强度指标 c_d、φ_d。

适用条件：对于渗透系数较大，排水条件较好的土，若施工前预压固结，施工速度较慢，施工过程中土体中的水来得及排出，不容易产生孔隙水压力，可近似采用 CD 试验的参数进行强度和稳定性分析。

3.4.2 应力路径试验

根据不同的排水固结条件，三轴试验可分为 UU 试验、CU 试验和 CD 试验，试验时在相应的排水固结条件下改变加载方式即为应力路径试验。对于不排水试验，试验过程中会产生孔隙水压力，故应力路径又有总应力路径和有效应力路径之分。其中,总应力路径主要由荷载决定,有效应力路径除与荷载有关外,还受固结和排水条件的影响。

由于应力路径对土体的强度和变形特性具有显著的影响,不同应力路径可以很好地模拟施工过程中不同部位土体的应力变化过程,因此,分析不同应力路径对土体强度和变形特性的影响具有重要的理论和实际意义。

在基坑开挖的过程中,各点的应力状态是不断发生变化的,不可能很精确的分析其应力路径,可忽略次要的影响因素,抓住主要特征,分为以下几种典型的应力路径:

(1)常规三轴压缩应力路径。在建(构)筑物施工的过程中,由于自重不断增加,其下部地基土水平向应力不变,竖向应力不断增大,见图3.5(a)中A点的应力状态,可近似用常规三轴试验模拟其应力路径变化,见图3.5(d)中OA段,应力路径斜率 $k = \dfrac{\Delta q}{\Delta p} = \dfrac{\Delta(\sigma_1 - \sigma_3)}{\Delta(\sigma_1 + \sigma_3)} = \dfrac{\Delta\sigma_1}{\Delta\sigma_1} = 1$,为一条倾角 $45°$ 斜向上的直线。根据施工速度和土层透水性质的不同,可分别对应三轴试验中相应的固结和排水条件。由于试验中平均正应力 p 不断增加,又称为增 p 应力路径。

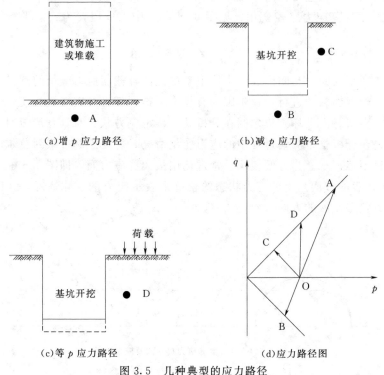

图 3.5　几种典型的应力路径

（2）常规三轴伸长应力路径。在基坑工程中，随着土方开挖的进行，基底以下土体的上覆土压力逐渐减小，竖向应力逐渐减小，水平向应力不变，见图 3.5（b）中 B 点的应力状态，可近似用常规三轴拉伸试验模拟其应力路径变化，见图 3.5（d）中 OB 段，应力路径斜率 $k = \dfrac{\Delta q}{\Delta p} = \dfrac{\Delta(\sigma_1 - \sigma_3)}{\Delta(\sigma_1 + \sigma_3)} = \dfrac{\Delta \sigma_1}{\Delta \sigma_1} = 1$，为一条倾角 45° 斜向下的直线。

（3）减压压缩应力路径。在基坑开挖过程中，基坑侧壁土体由于侧向卸载，水平方向应力减小，介于静止土压力和主动土压力之间，由于自重应力保持不变，竖向应力不变。见图 3.5（b）中 C 点应力状态，可近似用减压压缩试验模拟其应力路径变化，见图 3.5（d）中 OC 段，应力路径斜率 $k = \dfrac{\Delta q}{\Delta p} = \dfrac{\Delta(\sigma_1 - \sigma_3)}{\Delta(\sigma_1 + \sigma_3)} = -\dfrac{\Delta \sigma_3}{\Delta \sigma_3} = -1$，为一条倾角 135° 斜向上的直线。由于试验中平均正应力 p 不断减小，又称为减 p 应力路径。

（4）等 p 应力路径。基坑开挖时，侧壁土体水平方向应力减小，在坑边有堆载的情况下，竖向应力增大。特殊情况下，水平向应力的减小量等于竖向应力的增加量，总应力保持不变，见图 3.5（c）中 D 的应力状态，可近似用等 p 试验模拟其应力路径变化，见图 3.5（d）中 OD 段，为一条平行于纵轴向上的直线。

在本文中，$p = (\sigma_1 + \sigma_3)/2$，$q = (\sigma_1 - \sigma_3)/2$。

莫尔圆是在应力空间内表示土体中某单元体各截面应力分量的圆，在剪切试验中，随着加载的进行，莫尔圆的直径不断扩大直至与破坏线相切，试样达到应力极限状态而破坏。莫尔圆在分析某一特定应力状态时具有清晰明了的优点，但是在分析整个剪切过程中的应力变化情况时需要绘制一系列莫尔圆，容易混淆且不够直观。为方便表示，常常选用最大剪应力面（即图 3.6 中 A、B、C、D 所代表的截面）上的应力状态的轨迹来表示应力的变化情况，并以箭头指明应力状态发展的方向。

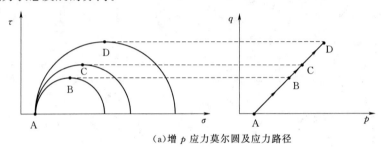

（a）增 p 应力莫尔圆及应力路径

图 3.6（一） 应力莫尔圆与应力路径

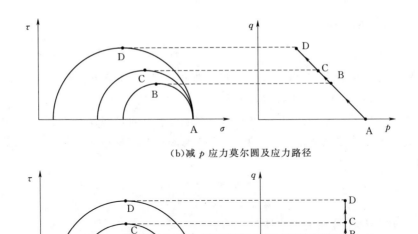

(b)减 p 应力莫尔圆及应力路径

(c)等 p 应力莫尔圆及应力路径

图 3.6（二）　应力莫尔圆与应力路径

3.5　试验方案及过程

3.5.1　试验方案

根据应力路径、固结排水条件及初始围压的不同，设置相应试验，共 21 组试验，为保证试验的精确度，每组试验设置一个平行试验，共 42 个试样。试验方案见表 3.1。

表 3.1　　　　　　　　　　试 验 方 案

应力路径	相对密度	固结方式	固结、排水条件方式	初始围压/kPa	控制方式
增 p 应力路径	0.56	等向固结	UU	50、100、200	应变控制
			CU	50、100、200	
			CD	50、100、200	
等 p 应力路径	0.56	等向固结	CU	50、100、200	应力控制
			CD	50、100、200	
减 p 应力路径	0.56	等向固结	CU	50、100、200	应力控制
			CD	50、100、200	

3.5.2 试验过程

1. 制样

鉴于原状砂样易扰动，难以获得，根据《土工试验方法标准》（GB/T 50123—1999）制备扰动土样的步骤和方法，制备试验土样。

将土样风干、碾碎并过 2mm 筛，测定风干土的含水率。按式（3.1）计算所需加水量，喷洒到土样上，拌匀后装入密封的玻璃缸中浸润一昼夜备用，并测定其含水率。

$$m_w = \frac{m}{1 + 0.01w_0} \times (w' - w_0) \qquad (3.1)$$

式中 m_w——土样所需加水质量，g；

m——土样质量，g；

w_0——风干含水率，%；

w'——土样要求含水率，%。

根据试验所要求的干密度，按式（3.2）计算出所需土质量：

$$m = (1 + 0.01w')\rho_d V \qquad (3.2)$$

式中 m——制备试样所需土的质量，g；

w'——制备试样所要求含水率，%；

ρ_d——制备试样所要求干密度，g/cm³；

V——试样的体积，cm³。

成样方法采用击实法，击样器见图 3.7。三轴试验试样高度和直径之比一般为 2.0～2.5，本试验试样尺寸为 $\phi 35\text{mm} \times 70\text{mm}$。为方便脱模，可提前在

（a）击样器　　　　　　　　（b）成型试样

图 3.7　击样器及试样

击样器内壁涂抹一层凡士林。称取所需质量土样，平均分为 5 份，按试样高度分 5 层击实。每层按设定击实数（12 次）击实后，表面进行刨毛，再加入第二层土进行击实，以保证不同层之间接触均匀，击实完成后，将试样两端整平，取出试样并称重。

2. 饱和

土样的饱和有抽气饱和、水头饱和、二氧化碳（CO_2）饱和及反压力饱和，根据土样性质及实验室条件，选用抽气饱和方式对本试验土样进行饱和见图 3.8。

(a)饱和器　　　　　　　　　(b)饱和缸

图 3.8 饱和器及饱和缸

将试样装进饱和器中，放入无水的饱和缸内，密封后进行抽气，饱和缸内真空度接近一个大气压后继续抽气 1h，然后打开进水阀，慢慢注入清水，期间保持缸内气压稳定，待水面没过饱和器顶部停止抽气，释放缸内真空，静置 12h 后，取出试样并称重。

3. 装样

在使用橡胶膜之前，应先检查其是否破损，以防止使用漏水的橡胶膜造成试验结果误差较大甚至试验失败。检查方法为：往橡胶膜内充气，并扎紧两端，将其浸入到水中，双手挤压橡胶膜，观察是否有气泡溢出，若无气泡溢出，说明橡胶膜完好无损，可以使用。

将橡胶膜套在承膜筒内，两端翻出筒外，从吸气孔吸气形成真空使橡胶膜紧贴在承膜筒内壁上，关闭吸气管上的阀门，将承膜筒套在制好试样外。在压力室的底座上由下往上依次放置透水石、滤纸、试样、滤纸、透水石及试样帽，翻出套在承膜筒外侧的橡胶模，取出成承膜筒，用橡皮圈将橡胶模两端紧箍在试样帽和底座的凹槽内。安装压力室罩及活塞，并均匀地旋紧螺栓固定杆，密封好压力室。

关闭压力室底部孔压和排水阀门，在压力室顶部装上排气阀，从压力室底部的围压阀门往压力室内注水至水从顶部排气阀溢出，拔掉排气阀和注水管，期间注意检查压力室是否有漏水现象。将压力室移至轴向加载控制系统的荷载托盘上，使活塞与荷载架上的加力装置对中，手动操作控制面板键盘使托盘上升至活塞与加力装置刚好接触停止。将围压和反压控制系统的水管与压力室对应的阀门连接，装样完毕。在正式进入试验阶段之前，施加 20kPa 的围压和略小于 20kPa 的反压，将橡皮膜和试样之间的空气排出，并完成初始化设置，橡胶膜及承膜筒见图 3.9。

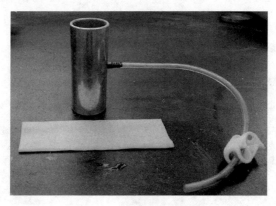

图 3.9　橡胶膜及承膜筒

4. 固结

固结是土体排水压缩，密度增大的过程。本试验采用各向等压固结，固结过程可由计算机全自动控制，设定固结标准为孔隙水压力消散 95%，固结完成后自动进入剪切阶段，并且可自动记录固结过程中孔隙水压力和体积的变化。固结持续时间与固结压力和土的渗透系数有关，本试验一般持续 3h 左右可完成。

5. 剪切

本试验共设置 3 种应力路径，即增 p 应力路径、减 p 应力路径和等 p 应力路径，其中增 p 应力路径采用应变控制式加载，减 p 应力路径和等 p 应力路径采用应力控制式加载。加载速率的控制对于试验的准确性非常重要，常规三轴压缩试验中，UU 试验和 CU 试验的剪切应变速率控制为 0.5%/min，CD试验的剪切应变速率控制为 0.012%/min，减 p 应力路径和等 p 应力路径剪切速率控制为 0.5kPa/min，满足规范要求。剪切过程可由计算机控制，并可自动记录剪切过程中应力、应变、孔隙水压力及体积的变化，本试验设定当轴向应变达到 15% 时试验停止，认为试样已剪切破坏。

6. 卸样

剪切完成后，仪器自动停止。先卸掉反压，再卸掉围压。排出压力室内的水，取出试样称重，关闭电源，试验结束。整个三轴试验大致过程见图 3.10。

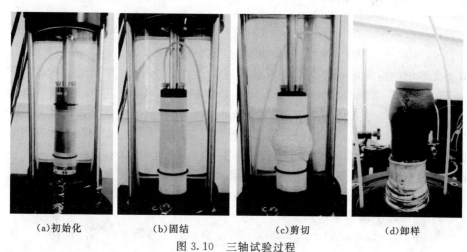

(a)初始化 (b)固结 (c)剪切 (d)卸样

图 3.10 三轴试验过程

3.6 试验结果分析

假设试验前试样的初始高度为 h_0，初始面积为 A_0，在经历固结和剪切过程后，试样压缩变形，见图 3.10（d），试样的破坏形态为鼓状破坏，面积发生较大变化，在计算轴向应力时应对面积进行修正，可对其面积做理想化假设，见图 3.11。

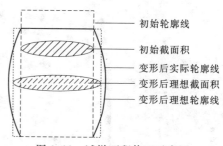

初始轮廓线
初始截面积
变形后实际轮廓线
变形后理想截面积
变形后理想轮廓线

图 3.11 试样面积修正示意图

对于不固结不排水剪切试验，由于不排水，试样体积始终不变，修正后面积 $A = \dfrac{A_0}{1 - 0.01\varepsilon_a}$；

对于固结不排水试验，固结阶段试样体积变化 ΔV_c，剪切阶段试样不排水，体积不变，修正后面积 $A = \dfrac{A_0}{1 - 0.01\varepsilon_a}\left(1 - \dfrac{\Delta V_c}{V_0}\right)^{\frac{2}{3}}$；

对于固结排水试验，其固结阶段与 CU 试验相同，固结完成后体积为 V_c，剪切过程中排水，体积发生变化为 ΔV_s，修正后面积为 $A = A_0\left(1 - \dfrac{\Delta V_c}{V_0}\right)^{\frac{2}{3}}\left(1 - \dfrac{\Delta V_s}{V_c}\right)^{\frac{2}{3}}$。

主应力差大小即为轴向荷载除以试样截面积 $(\sigma_1 - \sigma_3) = \dfrac{P}{A}$。

3.6.1 增 p 应力路径试验

以主应力差 $(\sigma_1 - \sigma_3)$ 为纵坐标，轴向应变 ε_a 为横坐标，可绘制试样的应力-应变曲线。对于有峰值的应变软化型曲线，以峰值点作为试样破坏点，对于无峰值的应变硬化型曲线，以轴向应变达到 15% 作为破坏点。将不同围压下的应力莫尔圆绘制在 $\tau-\sigma$ 坐标轴中，根据莫尔—库仑定律，可近似作一条抗剪强度包络线相切于 3 个莫尔圆，即可求出相应的抗剪强度参数。由于固结不排水剪切试验过程中同时测量了孔压的变化情况，可绘制出孔隙水压力 u 随轴向应变 ε_a 变化的曲线，可得到相应围压下有效应力莫尔圆，求出有效抗剪强度参数。固结排水试验过程中同时测量了试样体积的变化情况，可据此绘制出试样体应变 ε_v 随轴向应变 ε_a 的变化曲线，研究体变规律。

1. 不固结不排水剪切试验

由图 3.12（a）可知，在不固结不排水剪切试验中，3 种不同围压下试样

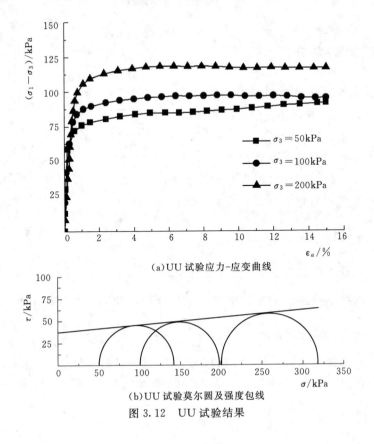

(a)UU 试验应力-应变曲线

(b)UU 试验莫尔圆及强度包线

图 3.12　UU 试验结果

的应力应变曲线均呈应变硬化型，应力随轴向应变的增加而增大，无明显峰值。取轴向应变为15％处的偏差应力为破坏偏应力，绘制莫尔圆及抗剪强度包络线，见图3.12（b），由图可知，3种不同围压下的莫尔圆半径比较接近，强度包络线是一条倾角较小的直线，可求出抗剪强度参数 $c_u=$ 37.5kPa，$\varphi_u=4.77°$。根据有效应力原理，UU试验强度包络线应是一条水平线（即 $\varphi=0°$），实际结果与理论结果不一致，这是因为有效应力原理是饱和土理论，实际上试样不可能达到完全饱和（一般认为，饱和度达到95％以上即符合试验要求），试样内及试样与橡胶模之间存在少量空气，这些空气在施加围压和轴向剪切过程中体积压缩或在压力作用下溶于水，造成孔隙水压力减小，有效应力增大。并且围压越大，有效应力增加越明显，因此，在较高围压下试样的抗剪强度稍高，这就造成了强度包络线有一个较小的倾角。

根据有效应力原理可知，UU试验无法反映围压对土的抗剪强度的影响，由此得到的抗剪强度参数也并非土的黏聚力和内摩擦角的真实体现，UU试验结果只能反映土在初始应力状态下的抗剪强度。

2. 固结不排水剪切试验

由图3.13（a）可知，在增 p 路径下固结不排水剪切试验中，应力应变均呈明显的非线性关系，在剪切初始阶段应力应变近似呈线性关系，试样处于弹性变形状态，当应力达到某一值后，应力应变呈非线性关系。3种围压下试样的应力应变曲线形状相似，均呈应变硬化型，应力随轴向应变的增加而增大，应力应变曲线均无明显峰值。并且，随着围压的增加，试样的切线模量增大，相同的偏差应力对应的轴向应变减小，抗剪强度有明显的提高，表现出明显的压硬性。这是因为在固结阶段，试样排水压密，由于试样初始密度相同，围压越大，试样压缩程度越大，固结结束后密度越大，并且剪切阶段的有效应力也越大，因此在剪切过程中表现出越高的抗剪强度。

由图3.13（b）可知，在剪切刚开始的一小段时间内，试样内产生正的孔隙水压力，表明试样压密，体积减小，随后孔隙水压力很快转变为负值，并且持续增加，增加速率不断变缓，这表明试样在剪切过程中表现出很明显的体积膨胀，即剪胀现象。且围压越大，剪胀性越弱，这是由于围压的约束作用，限制了试样体积的膨胀，围压越大，这种限制作用越强，剪胀性越不明显。

取轴向应变为15％处的偏差应力为破坏偏应力，绘制总应力莫尔圆及其抗剪强度包络线，结合各试样破坏时量测的孔隙水压力，可同时绘制出有效应力莫尔圆及其强度包线，见图3.13（c）。由于试样的剪胀性，土体破坏时试样内均为负孔隙水压力，有效应力莫尔圆均为相应围压下总应力莫尔圆向右平移孔隙水压力的绝对值，莫尔圆直径保持不变，可求出总抗剪强度参数 $c_{cu} = 14.6\text{kPa}$，$\varphi_{cu} = 21.85°$ 有效抗剪强度参数 $c'_{cu} = 4.3\text{kPa}$，$\varphi'_{cu} = 23.09°$。

由图 3.13（d）可知，增 p 路径固结不排水剪切试验中 3 种围压下应力路径曲线形状较为相似，刚开始一段时间，孔隙水压力较小，$q-p'$ 空间内应力路径近似为一条倾角为 45°斜向上的直线，由于孔隙水压力为负值，且不断增加，有效应力路径开始向右偏转，且围压越大，孔隙水压力绝对值越小，应力路径偏转幅度越小。由应力路径及临界状态线关系可知，在加载过程中，试样屈服应力不断增加，屈服面不断向外扩张，这与图由图 3.13（a）中应力应变的硬化型规律一致。

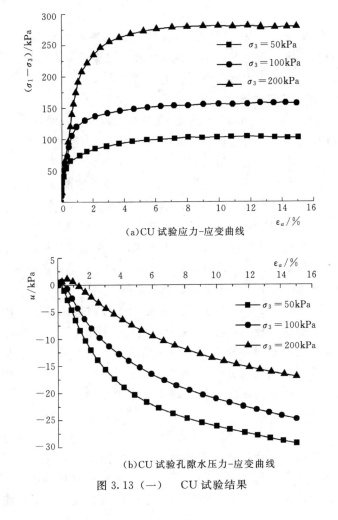

(a)CU 试验应力-应变曲线

(b)CU 试验孔隙水压力-应变曲线

图 3.13（一）　CU 试验结果

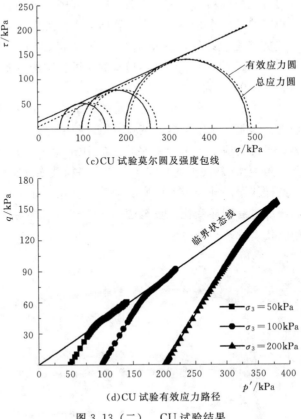

（c）CU 试验莫尔圆及强度包线

（d）CU 试验有效应力路径

图 3.13（二） CU 试验结果

3. 固结排水剪切试验

由图 3.14（a）可知，在增 p 路径下固结排水剪切试验中，3 种不同围压下试样的应力应变曲线形状相似，均呈微弱应变软化型，偏差应力较小时，应力随应变增加而增加，当偏差应力达到峰值后，随着应变的增加，应力略微下降。且围压越大，达到峰值偏应力时对应的轴向应变越大，试样的强度越高，软化现象越不明显。

由图 3.14（b）可知，剪切过程中，试样刚开始表现出剪缩，随后很快表现出明显的剪胀性。且随着围压的增加，试样的剪胀性减弱。这是由于剪切过程中土体积的增大主要是由土颗粒之间的滚动、翻越所引起的，围压对于土的膨胀具有约束作用，围压增大使得土颗粒之间的接触应力增大，同样的位移需要消耗更大的能量，所以围压越大，这种约束作用就越强，试样的剪胀性就越不明显。固结排水剪切试验中的体应变与固结不排水剪切试验中的孔隙水压力为不同排水条件下反映土剪胀性的两个指标，在其他条件相同的情况下，二者具有一致的规律性。

由于试样应力应变曲线均为应变软化型，取不同围压下轴力峰值作为试样破坏主应力差，相应的围压作为小主应力，轴向应力作为大主应力，绘制有效应力莫尔圆及其抗剪强度包络线，见图 3.14（c），可求出有效抗剪强度参数 $c_d = 4.2\text{kPa}$，$\varphi_d = 22.23°$，结果与固结不排水剪切试验中的有效抗剪强度指标 $c'_{cu} = 4.3\text{kPa}$，$\varphi'_{cu} = 23.09°$ 比较接近。

  由图 3.14（d）可知，增 p 路径固结排水剪切试验中 3 种围压应力路径曲线与理论十分接近，这是由于固结排水试验剪切过程中允许排水，试样中无孔隙水压力的积累，平均正应力 p 和有效平均正应力 p' 相等，$q-p'$ 空间内实际应力路径为一条倾角为 45°斜向上的直线。由应力路径及临界状态线关系可知，在加载过程中，试样屈服后即处于塑性流动状态，即应变持续增加，而屈服应力不再增加，屈服面没有明显变化，直至达到塑性破坏，这与图 3.14（a）中应力应变的微弱软化型规律相吻合。

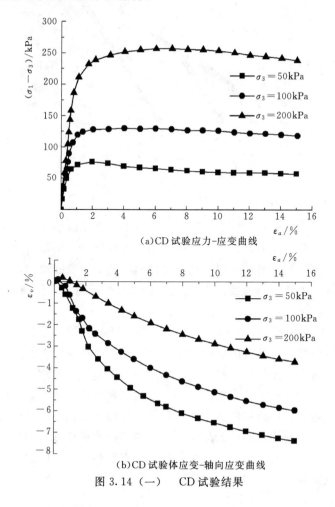

（a）CD 试验应力-应变曲线

（b）CD 试验体应变-轴向应变曲线

图 3.14（一） CD 试验结果

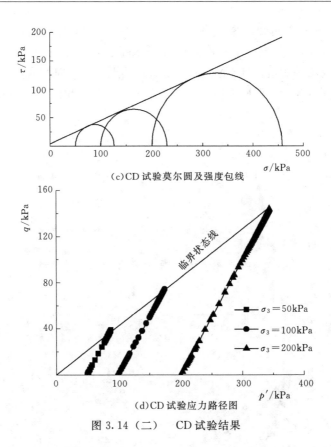

(c)CD试验莫尔圆及强度包线

(d)CD试验应力路径图

图 3.14（二）　CD试验结果

3.6.2　等 p 应力路径试验

1. 固结不排水剪切试验

由图 3.15（a）可知，在等 p 应力路径下固结不排水剪切试验中，3 种围压下试样的应力应变曲线均呈应变硬化型。围压越大，试样的抗剪强度越高。

由图 3.15（b）可知，在剪切过程中，50kPa 和 100kPa 围压下试样内始终产生负的孔隙水压力，并且不断增大，试样始终剪胀。200kPa 围压下试样剪切初期产生较小的正的孔隙水压力，随后很快转变为负值，并且不断增大，试样先剪缩后剪胀，并以剪胀体变为主。对比不同围压下孔隙水压力变化规律可发现，随着围压的增大，试样的剪胀性减弱。

取轴向应变为 15％处的偏差应力为破坏偏应力，绘制总应力莫尔圆及其抗剪强度包络线，结合各试样破坏时量测的孔隙水压力，可同时绘制出有效应力莫尔圆及其强度包线，见图 3.15（c）。可求出总抗剪强度参数，$c_{cu}=$ 15.9kPa，$\varphi_{cu}=19.67°$，有效抗剪强度参数 $c'_{cu}=2.9$kPa，$\varphi'_{cu}=21.32°$。

　　由图 3.15（d）可知，等 p 路径三种围压下应力路径曲线形状较为相似，剪切初期，孔隙水压力较小，q-p' 空间内应力路径近似为平行于纵轴向上的直线，由于孔隙水压力为负值，且不断增加，有效应力路径开始向右偏转。加载过程中存在后继屈服现象，屈服应力增大，应力应变曲线表现出加工硬化特性。

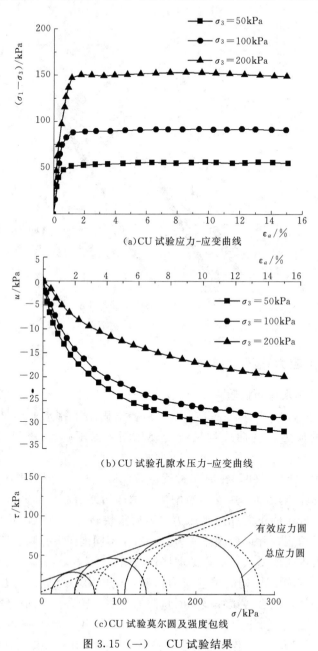

(a)CU 试验应力-应变曲线

(b)CU 试验孔隙水压力-应变曲线

(c)CU 试验莫尔圆及强度包线

图 3.15（一）　CU 试验结果

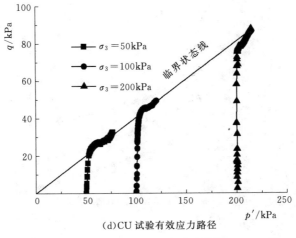

（d)CU 试验有效应力路径

图 3.15（二）　CU 试验结果

2. 固结排水剪切试验

由图 3.16（a）可知，在等 p 应力路径固结排水剪切试验中，50kPa 围压下试样的应力应变曲线均呈明显应变软化型，轴向应变为 1‰时，偏差应力达到峰值，随着应变的增加，应力有较大幅度减低。100kPa 围压下试样的应力应变曲线呈微弱应变软化型，峰值过后应力降低不明显，200kPa 围压下应力在轴向应变为 10‰左右出现较明显的降低。对比不同围压下应力应变规律可发现，围压越大，达到峰值偏应力时对应的轴向应变越大，土体的强度越高，软化现象越不明显。

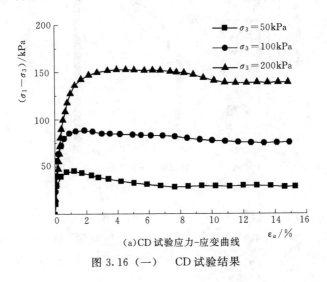

（a)CD 试验应力-应变曲线

图 3.16（一）　CD 试验结果

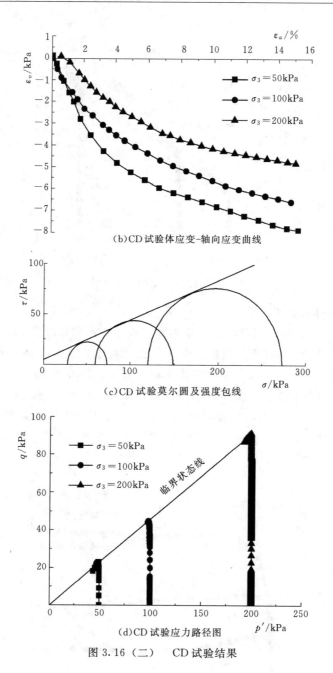

（b）CD 试验体应变–轴向应变曲线

（c）CD 试验莫尔圆及强度包线

（d）CD 试验应力路径图

图 3.16（二） CD 试验结果

由图 3.16（b）可知，剪切过程中，50kPa 和 100kPa 围压下试样始终剪胀，体积不断增加，200kPa 围压下试样在加载初期体积减小，随后很快表现出明显的剪胀性。与相同应力路径下不排水剪切试验中孔隙水压力规律相同，随着围压的增加，土体的剪胀性减弱。

取不同围压下轴力峰值作为土样破坏主应力差，破坏时相应的围压作为小主应力，轴向应力作为大主应力，绘制有效应力莫尔圆及其抗剪强度包络线，见图 3.16（c），可求出有效抗剪强度参数 $c_d = 5.4\text{kPa}$，$\varphi_d = 21.50°$，黏聚力与固结不排水剪切试验中的有效黏聚力 $c'_{cu} = 2.9\text{kPa}$ 差异较大，内摩擦角与固结不排水剪切试验中有效内摩擦角 $\varphi'_{cu} = 21.32°$ 比较接近。

由图 3.16（d）可知，增 p 路径下 100kPa 围压下应力路径曲线与理论基本一致，$q - p'$ 空间内应力路径为一条倾角为 45° 斜向上的直线，50kPa 和 200kPa 围压下应力路径曲线最后明显向左下方偏转，这是由于试样强度达到极限值后降低，屈服面缩小，进入塑性流动变形阶段。

3.6.3 减 p 应力路径试验

1. 固结不排水剪切试验

由图 3.17（a）可知，在减 p 应力路径下固结不排水剪切试验中，3 种围压下试样的应力应变曲线均呈应变硬化型。围压越大，试样的抗剪强度越高。

由图 3.17（b）可知，在剪切过程中，3 种围压下试样内始终产生负的孔隙水压力，并且不断增大，试样始终剪胀。且围压越大，剪胀性越不明显，取轴向应变为 15% 处的偏差应力为破坏偏应力差绘制总应力莫尔圆及其抗剪强度包络线，结合各试样破坏时量测的孔隙水压力，可同时绘制出有效应力莫尔圆及其强度包线，如图 3.17（c）所示。可求出总抗剪强度参数，$c_{cu} = 13.1\text{kPa}$，$\varphi_{cu} = 19.67°$，有效抗剪强度参数 $c'_{cu} = 1.1\text{kPa}$，$\varphi'_{cu} = 21.76°$。

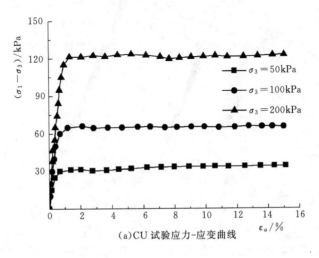

(a)CU 试验应力-应变曲线

图 3.17（一） CU 试验结果

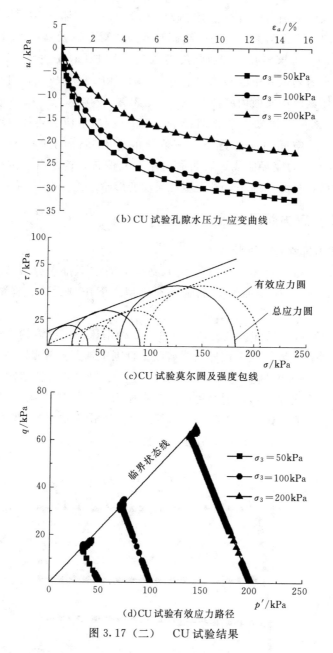

(b) CU 试验孔隙水压力-应变曲线

(c)CU 试验莫尔圆及强度包线

(d)CU 试验有效应力路径

图 3.17（二）　CU 试验结果

由图 3.17（d）可知，减 p 路径下三种围压下应力路径曲线形状较为相似，刚开始一段时间，孔隙水压力较小，q-p' 空间内应力路径近似为一条倾角为 135°斜向上的直线，由于孔隙水压力为负值，且不断增加，有效应力路径开始向右偏转，围压越大，孔隙水压力绝对值越小，应力路径偏转幅度越小。试样在剪切过程中屈服面向外扩大，产生后继屈服现象，屈服应力有小幅度增长。

2. 固结排水剪切试验

由图 3.18（a）可知，在减 p 路径固结排水剪切试验中，3 种不同围压下试样的应力应变曲线均呈明显应变软化型，峰值过后，随着应变的增加，应力有较大幅度降低。且围压越大，达到峰值偏应力时对应的轴向应变越大，土体的强度越高，软化现象越不明显。

由图 3.18（b）可知，剪切过程中，3 种围压下试样始终表现为剪胀。且随着围压的增加，土体的剪胀性减弱。

取不同围压下轴力峰值作为土样破坏主应力差，相应的围压作为小主应力，轴向应力作为大主应力，绘制有效应力莫尔圆及其抗剪强度包络线，见图 3.18（c），可求出有效抗剪强度参数 $c_d = 0.8\text{kPa}$，$\varphi_d = 22.04°$，结果与固结不排水剪切试验中的有效抗剪强度指标 $c'_{cu} = 1.1\text{kPa}$，$\varphi'_{cu} = 21.76°$ 比较接近。

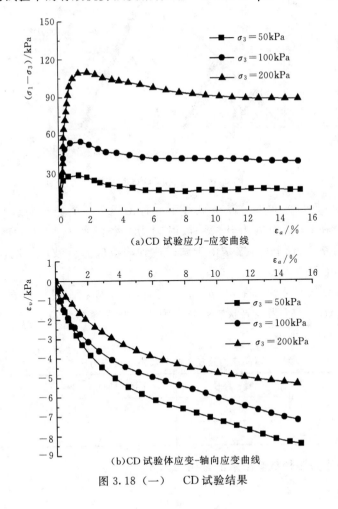

(a)CD 试验应力-应变曲线

(b)CD 试验体应变-轴向应变曲线

图 3.18（一） CD 试验结果

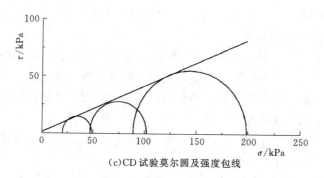

(c)CD试验莫尔圆及强度包线

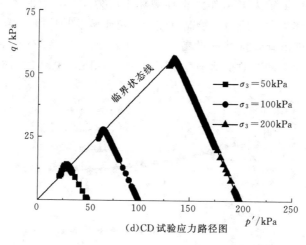

(d)CD 试验应力路径图

图 3.18（二） CD 试验结果

由图 3.18（d）可知，减 p 路径下 3 种围压下应力路径曲线与理论值有较大差异，在 q-p' 空间内开始一段时间为一条倾角为 135°斜向上的直线，随后明显向左下方偏转，这是由于试样达到峰值应力后破坏，试样强度迅速降低。

根据临界状态理论，在 q-p' 应力空间内，临界状态线是一条过原点的直线，即 $q=Mp'$，M 为临界状态有效应力比，与内摩擦角有关。3 种应力路径下 M 值见表 3.2。

表 3.2　　　　　　　　不同应力路径下临界状态有效应力比

固结排水条件	增 p 路径	等 p 路径	减 p 路径
CU	0.42	0.41	0.46
CD	0.42	0.46	0.42

将 3 种应力路径试验结果汇总见表 3.3。

表 3.3   三 轴 试 验 成 果 表

应力路径	固结、排水条件方式	应力应变曲线类型	破坏偏差应力/kPa			有效黏聚力/kPa	有效内摩擦角/(°)
			50kPa	100kPa	200kPa		
增 p 路径	CU	硬化型	104.66	158.20	281.26	4.3	23.09
	CD	软化型	79.39	129.80	257.32	4.2	22.23
等 p 路径	CU	硬化型	56.54	92.60	153.78	2.9	21.32
	CD	软化型	45.97	88.80	153.36	5.4	21.50
减 p 路径	CU	硬化型	38.02	66.10	112.60	1.1	21.76
	CD	软化型	28.59	55.12	109.99	0.8	22.04

从表中可以发现，不排水剪切试验的应力应变曲线为硬化型，排水剪切试验的应力应变曲线呈软化型。同一种应力路径下，围压和排水条件对破坏偏差应力均有显著影响，随着围压的增加，破坏偏差应力增大；围压相同时，不排水剪试验比排水剪试验的破坏偏差应力大，这是因为有机质浸染砂具有明显的剪胀性，不排水剪试验中产生负的孔隙水压力，使得有效围压增大，同时也限制了试样体积膨胀，排水剪试验中孔压为零，体积膨胀使得试样密度减小，强度降低，这也是呈现应变软化的原因。不同应力路径下有效黏聚力有一定差异，但有效内摩擦角比较接近。

3.6.4 不同应力路径试验结果对比分析

1. 固结不排水剪切试验

由图 3.19 可知，在固结不排水剪切试验中，应力路径对土的抗剪强度的影响较大，在围压相同的情况下，不同应力路径加载条件对应的偏差应力有显著差异，试样破坏是的偏差应力规律为：增 p 路径最大，等 p 路径次之，减 p 路径最小。并且随着围压的增大，不同应力路径抗剪强度的差值增大。剪切模量为应力增量与应变增量的比值，表示材料对于剪切变形的抵抗能力，在近似弹性变形阶段，可用应力应变曲线的切线斜率来表示，由图 3.19 可知，围压相同时，不同应力路径下初始剪切模量规律为：增 p 路径大于等 p 路径大于减 p 路径。

由图 3.20 可知，在固结不排水剪切试验中，围压相同的情况下，不同应力路径加载条件下对应的孔隙水压力不同，孔隙水压力大小表现出如下规律：减 p 路径大于等 p 路径大于增 p 路径。

2. 固结排水剪切试验

由图 3.21 可知，与固结不排水剪切试验中规律相同，在固结排水剪切试验中，相同围压下，不同应力路径下试样的抗剪强度不同，增 p 路径最大，等 p 路径次之，减 p 路径最小。

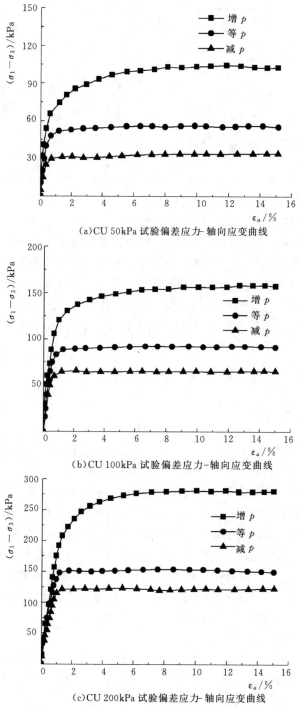

(a)CU 50kPa 试验偏差应力-轴向应变曲线

(b)CU 100kPa 试验偏差应力-轴向应变曲线

(c)CU 200kPa 试验偏差应力-轴向应变曲线

图 3.19 不同应力路径下偏差应力-轴向应变曲线

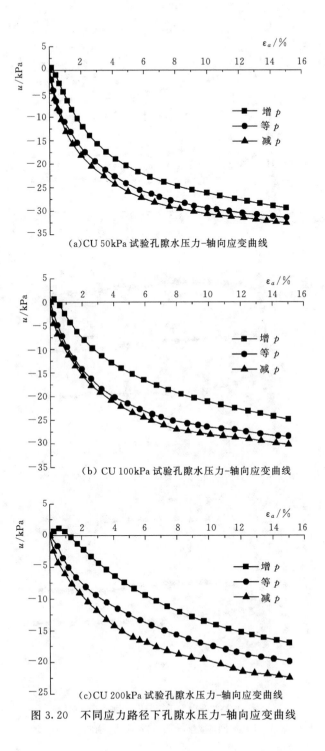

(a)CU 50kPa 试验孔隙水压力-轴向应变曲线

(b) CU 100kPa 试验孔隙水压力-轴向应变曲线

(c)CU 200kPa 试验孔隙水压力-轴向应变曲线

图 3.20 不同应力路径下孔隙水压力-轴向应变曲线

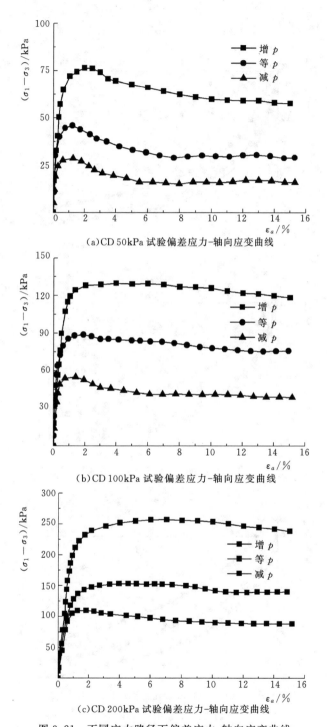

(a)CD 50kPa 试验偏差应力-轴向应变曲线

(b)CD 100kPa 试验偏差应力-轴向应变曲线

(c)CD 200kPa 试验偏差应力-轴向应变曲线

图 3.21　不同应力路径下偏差应力-轴向应变曲线

由图 3.22 可知，在固结排水剪切试验中，在围压相同的情况下，不同应力路径加载条件下对应的体应变不同，剪胀性规律为减 p 路径最大，等 p 路径次之，增 p 路径最小。

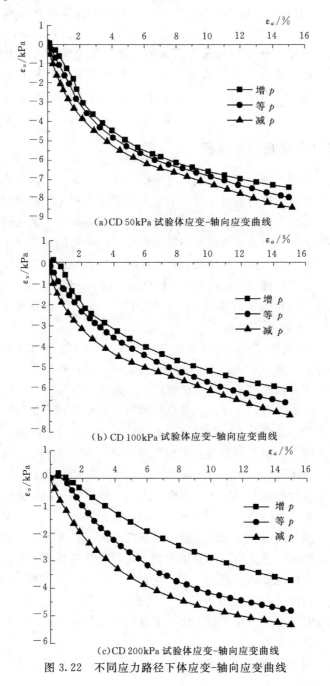

(a)CD 50kPa 试验体应变-轴向应变曲线

(b)CD 100kPa 试验体应变-轴向应变曲线

(c)CD 200kPa 试验体应变-轴向应变曲线

图 3.22 不同应力路径下体应变-轴向应变曲线

目前在岩土工程设计及施工中，人们往往忽略了应力路径对土的强度和变形特性的影响，不考虑不同施工阶段土体所对应的实际应力路径，而采用统一的结果进行计算分析，这显然会造成较大误差，对工程产生不利影响：①可能使工程的安全性无法得到保障，甚至发生工程事故，造成重大的经济损失，产生恶劣的社会影响；②设计过于保守，造成材料的大量浪费，增加了工程成本。无论出现哪一种情况，都不符合工程建设的基本要求，也是大家不希望看到的。因此，在工程建设中，应考虑到不同工况下土体的实际应力路径，并作适当简化处理，在保证安全的前提下，尽量做到设计和施工经济合理。

3.6.5　应力应变归一化分析

土的应力应变关系是研究土的强度变形特性及本构模型的核心内容，如何建立合适的方程对其进行合理描述一直以来就是学者们关注的问题。大量试验研究表明，土的应力应变关系存在归一化特性，该发现对于系统研究土的力学性质具有重大意义，也为本构模型的发展提供一种全新的思路。土的应力应变的归一化特性是指对不同固结压力或应力路径条件下的偏差应力以某一变量为基础进行数学变换，使其与应变满足相同数学规律。该变量称为归一化因子，目前常用到的归一化因子有围压 σ_3、平均固结压力 σ_m、极限偏差应力（$\sigma_1 - \sigma_3$）$_{ult}$ 以及（σ_m）^{n} 四种。

Ladd 在总结大量三轴试验结果的基础上发现，多数饱和黏土具有归一化特性，应力应变关系可用固结压力或平均固结压力进行归一化。

李燕根据邯郸粉质黏土 CU 试验结果，分别采用围压和平均正应力为归一化因子对应力应变进行归一化，两种情况均得到较好的归一化效果。

李作勤对归一化性状存在条件进行了分析，详细推导了以围压和平均固结压力为归一化因子所满足的条件：当黏聚力 $c = 0$，内摩擦角 $\varphi =$ 常数时，可用围压作为归一化因子，当 $c = (\sigma_3 \tan\varphi)/2$，$\varphi =$ 常数时，可用平均正应力作为归一化因子。并针对正常固结土、超固结土以及砂土进行归一化特性的适用性分析。

张勇等根据对武汉软土 CU 试验结果进行分析，提出以极限偏差应力为归一化因子，并将归一化结果与以围压为归一化因子结果对比，发现以前者归一化程度更高，并在此基础上建立了归一化方程。

杨爱武等用四种归一化因子对天津吹填软土应力应变关系进行归一化分析，发现以极限偏差应力作为归一化因子时归一化效果最好，以固结压力作为归一化因子时归一化效果最差。

熊恩来等对云南泥炭土进行不固结不排水和固结不排水剪切试验研究，

分析了不同围压下应力应变及孔压规律，并用平有效应力对应力应变及孔压应变关系进行归一化分析，发现二者归一化效果均不好，出现离散型较大的现象。

根据康纳对应力应变关系的双曲线假设

$$\frac{\varepsilon_a}{\sigma_1 - \sigma_3} = a + b\varepsilon_a \tag{3.3}$$

本书采用平均有效正应力 p（即平均固结压力 σ_m）作为归一化因子，可假设

$$\frac{p'\varepsilon_a}{\sigma_1 - \sigma_3} = A + B\varepsilon_a \tag{3.4}$$

其中
$$A = p'a = p'/E_i$$
$$B = p'b = p'/(\sigma_1 - \sigma_3)_{ult}$$

若假设成立，需满足 A、B 均为常数，即初始切线模量 E_i 和极限偏差应力 $(\sigma_1 - \sigma_3)_{ult}$ 均与平均有效正应力 p 呈正比。

以 $p'\varepsilon_a/(\sigma_1 - \sigma_3)$ 为纵坐标，轴向应变 ε_a 为横坐标，将 3 种围压和 3 种应力路径下对应的数据点绘制到坐标空间中，发应力应变现归一化效果较好，数据点呈现较明显的线性规律，离散程度较低，对数据点进行线性拟合，结果见图 3.23、图 3.24。固结不排水剪切试验拟合参数 $A = 0.196$，$B = 1.324$，拟合判定系数 $R^2 = 0.9931$，固结排水剪切试验拟合参数 $A = 0.208$，$B = 1.386$，拟合判定系数 $R^2 = 0.9922$。由此可见，在剪切过程中，平均有效正应力对应力应变关系起决定性作用。

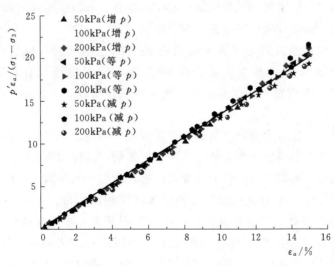

图 3.23 CU 试验应力应变归一化

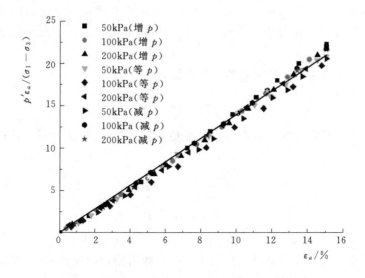

图 3.24　CD 试验应力应变归一化

3.7　本章小结

本章主要通过从美国引进的精密"全自动三轴试验仪"完成一系列三轴应力路径试验，并重点分析了围压、排水条件及应力路径对应力应变、体变及孔压的影响。

（1）简要介绍了三轴试验的原理和试验设备，分析了实际工程中典型的几种应力路径，并据此完成了试验方案的制定。

（2）按照试验方案完成各种应力路径下的三轴试验，得到应力应变曲线、孔隙水压力-轴向应变曲线、体应变-轴向应变曲线及有效应力路径曲线，并绘制出各应力路径下的莫尔应力圆及破坏包络线，求出相应的抗剪强度指标。

（3）分析对比应力路径三轴试验结果发现，围压、排水条件和应力路径均对有机质浸染砂的强度和变形特性有显著的影响，具体如下：①排水条件和应力路径相同时，不同围压下应力应变曲线形状相似，围压越大，砂土的抗剪强度越高，剪胀性越不明显；②围压和排水条件相同的情况下，抗剪强度规律为：增 p 路径最高，等 p 路径次之，减 p 路径最低；剪胀性规律为：减 p 路径最强，等 p 路径次之，增 p 路径最弱；③围压和应力路径相同的情况下，固结不排水试验的强度高于固结排水试验，固结不排水试验中，应力应变曲线表现为应变硬化型，应力路径向右上方偏转，屈服面向外扩张，屈服应力不断增大，固结排水试验中，应力应变曲线呈应变软化型，应力路径向左下方偏转，应力达到峰值后即进入塑性流动变形阶段；④不同排水条件和应力路径下有效黏聚力有明显差异，有效内摩擦角比较接近；⑤以平均有效正应力为归一化因子，对不同围压及应力路径下的应力应变关系进行归一化分析，固结不排水试验和固结排水试验均具有较好的归一化效果，拟合判定系数拟合判定系数 R^2 分别为 0.9931 和 0.9922。

4 有机质浸染砂本构模型研究

4.1 引言

邓肯-张模型由于形式简单，概念清楚，试验参数均可由常规三轴试验获得，并且基于广义胡克定律，容易被接受，而成为目前应用较广的非线性弹性模型，也积累了较为丰富的使用经验。因为模型中切线变形模量和切线泊松比均采用双曲线假设，又被称为双曲线模型。

4.2 邓肯-张模型简介

4.2.1 切线变形模量

1963 年，康纳（Kondner）在研究大量土的三轴试验应力-应变关系曲线规律的基础上，认为可采用双曲线来拟合土的偏差应力-轴向应变曲线，即：

$$\sigma_1 - \sigma_3 = \frac{\varepsilon_a}{a + b\varepsilon_a} \tag{4.1}$$

上式也可表示为：

$$\sigma_1 - \sigma_3 = \frac{R_f \varepsilon_a}{\dfrac{1}{E_i} + \dfrac{b\varepsilon_a}{(\sigma_1 - \sigma_3)_f}} \tag{4.2}$$

式中　　　　　　$E_i = 1/a$ ——起始变形模量；
$R_f = (\sigma_1 - \sigma_3)_f / (\sigma_1 - \sigma_3)_{ult}$ ——破坏应力比；
　　　　$(\sigma_1 - \sigma_3)_f$ ——破坏偏差应力；
　　　　$(\sigma_1 - \sigma_3)_{ult}$ ——极限偏差应力。

对于常规三轴压缩试验，切线变形模量

$$E_t = \frac{\mathrm{d}(\sigma_1 - \sigma_3)}{\mathrm{d}\varepsilon_a} = E_i \left[1 - R_f \frac{\sigma_1 - \sigma_3}{(\sigma_1 - \sigma_3)_f} \right]^2 \tag{4.3}$$

根据莫尔-库仑强度准则

$$(\sigma_1 - \sigma_3)_f = \frac{2c\cos\varphi + 2\sigma_3\sin\varphi}{1 - \sin\varphi} \tag{4.4}$$

简布（Janbu）研究发现初始变形模量随围压变化而变化的规律，并总结出简布公式：

$$E_i = Kp_a \left(\frac{\sigma_3}{p_a}\right)^n \tag{4.5}$$

式中 p_a——标准大气压（101.4kPa），量纲与 σ_3 相同；

　　K、n——试验常数。

邓肯等人将莫尔-库仑强度准则和 Janbu 公式引入到 Kondner 的应力应变关系表达式中，导出了切线变形模量的表达式

$$E_t = Kp_a \left(\frac{\sigma_3}{p_a}\right)^n \left[1 - \frac{R_f(\sigma_1 - \sigma_3)(1 - \sin\varphi)}{2c\cos\varphi + 2\sigma_3\sin\varphi}\right]^2 \tag{4.6}$$

切线变形模量公式中包含 K、n、c、φ、R_f 共 5 个试验参数。

4.2.2 切线泊松比

在借鉴 Kulhawy 研究成果及总结大量试验数据的基础上，邓肯等人认为也可用双曲线来拟合常规三轴压缩试验中轴向应变与侧向应变的关系。

$$\varepsilon_a = \frac{-\varepsilon_r}{f + D(-\varepsilon_r)} \tag{4.7}$$

式中 f、D——试验参数。

进一步研究表明，土的初始泊松比与围压有关，关系如下：

$$\nu_i = f = G - F\lg(\sigma_3/p_a) \tag{4.8}$$

式中 G、F——试验常数。

切线泊松比

$$\nu_t = \frac{-d\varepsilon_r}{d\varepsilon_a} = \frac{\nu_i}{(1 - D\varepsilon_a)^2} \tag{4.9}$$

整理可得到切线泊松比表达式

$$\nu_t = \frac{G - F\lg\dfrac{\sigma_3}{p_a}}{\left\{1 - \dfrac{D(\sigma_1 - \sigma_3)}{Kp_a\left(\dfrac{\sigma_3}{p_a}\right)^n\left[1 - \dfrac{R_f(1 - \sin\varphi)(\sigma_1 - \sigma_3)}{2c\cos\varphi + 2\sigma_3\sin\varphi}\right]}\right\}^2} \tag{4.10}$$

切线泊松比公式中有 G、F、D 3 个试验参数，再加上切线变形模量公式中的 5 个试验参数，邓肯-张模型共有 8 个试验参数。

4.3 邓肯-张模型适用性分析

为便于实际应用，Kondner 双曲线假设和 Janbu 公式也可表示为如下形式

$$\frac{\varepsilon_a}{\sigma_1 - \sigma_3} = a + b\varepsilon_a \qquad (4.11)$$

$$\lg \frac{E_i}{p_a} = \lg K + n \lg \frac{\sigma_3}{p_a} \qquad (4.12)$$

对切线变形模量 E_t 的适用性分析即可转化验证试验中式（4.11）、式（4.12）的线性关系。

由于实际的 $(\sigma_1 - \sigma_3)$ 与 ε_a 并非完全符合假定双曲线关系，在将应力应变双曲线转换成直线关系时，时常发生低应力水平和高应力水平试验点偏离直线的情况。为了减少人为因素，使整体性符合得更好，使直线通过应力水平 $S=70\%$ 和 $S=95\%$ 的点，据此可得到初始变形模 E_i 和破坏比 R_f，见表 4.1。

表 4.1 E_t 和 R_f 数值表

σ_3/kPa	E_t/kPa	R_f	平均值
50	31620.64	0.84	
100	40024.35	0.86	0.863
200	59480.88	0.89	

下面对 $\varepsilon_a/(\sigma_1 - \sigma_3) \sim \varepsilon_a$ 及 $\lg(E_i/p_a) \sim \lg(\sigma_3/p_a)$ 关系进行线性回归分析，见图 4.1、图 4.2。

图 4.1、图 4.2 线性回归结果显示：$\varepsilon_a/(\sigma_1 - \sigma_3) \sim \varepsilon_a$ 关系线性拟合判定系数 R^2 均大于 0.996，$\lg(E_i/p_a) \sim \lg(\sigma_3/p_a)$ 关系线性拟合判定系数 R^2 为 0.998。表明 Kondner 双曲线假设和 Janbu 公式对于试验土样均适用，即邓肯-张模型中的切线变形模量 E_t 表达式对于试验土样是适用的。根据图 4.2 可求得：$K=384.68$，$n=0.612$。

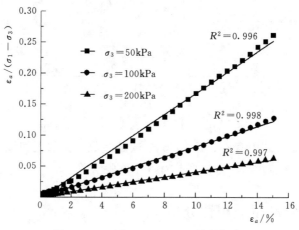

图 4.1 $\varepsilon_a/(\sigma_1 - \sigma_3) \sim \varepsilon_a$ 线性拟合

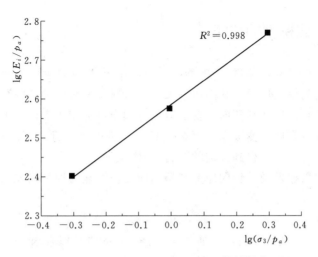

图 4.2　$\lg(E_i/p_a) \sim \lg(\sigma_3/p_a)$ 线性拟合

式（4.7）也可表示为如下形式

$$\frac{-\varepsilon_r}{\varepsilon_a} = f - D\varepsilon_r \tag{4.13}$$

通过验证式（4.13）的线性关系即可判断切线泊松比 ν_t 的适用性。下面对 $-\varepsilon_r/\varepsilon_a \sim \varepsilon_r$ 关系进行线性回归分析，见图 4.3。

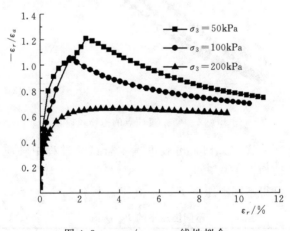

图 4.3　$-\varepsilon_r/\varepsilon_a \sim \varepsilon_r$ 线性拟合

由图 4.3 可知 $-\varepsilon_r/\varepsilon_a \sim \varepsilon_r$ 关系呈明显非线性关系，说明邓肯-张模型中切线泊松比 ν_t 表达式对于试验土样是不适用的。这是因为邓肯-张模型是基于广义胡克定律推导得到的，无法反映土体的剪胀性。

4.4 邓肯-张模型的修正

由上节分析可知，邓肯-张模型中采 Kondner 对应力应变双曲线关系的假设和 Janbu 对初始变形模量和围压的关系公式对于有机质浸染砂有很好的适用性，但其对于轴向应变和侧向应变的双曲线假设不适用于本试验土样。根据试验结果对轴应变和侧应变关系进行公式拟合，进而对邓肯-张模型中的切线泊松比表达式进行修正，得到改进的邓肯-张模型。

整理试验数据发现，轴向应变与侧向应变呈明显的抛物线关系，假设关系式为：

$$\varepsilon_a = P\varepsilon_r^2 + Q\varepsilon_r \tag{4.14}$$

式中　P、Q——试验参数，可通过 ε_a 与 ε_r 关系曲线拟合求取。对试验数据进行拟合，见图 4.4。

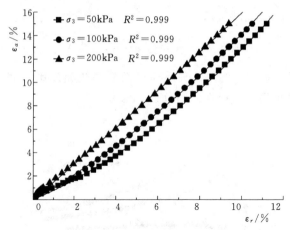

图 4.4　ε_a 与 ε_r 过原点的抛物线拟合

由图 4.4 可知，式（4.14）可较准确拟合试验过程中轴应变与侧应变关系，拟合判定系数均大于 0.999。

通过拟合，可得不同围压下 P、Q 值，见表 4.2。

表 4.2　　　　　　　　　　不同围压下的 P、Q 值

围压/kPa	50	100	200
P	0.055	0.043	0.011
Q	0.737	0.983	1.492

分析发现，P、Q 与围压都呈明显的线性关系。

假设 $P = k\sigma_3 + t$，$Q = m\sigma_3 + s$。拟合过程见图 4.5。

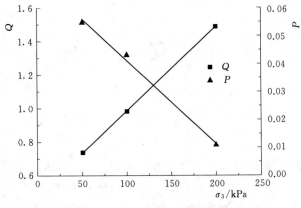

图 4.5　P、Q 与 σ_3 线性拟合

P 与 σ_3 线性拟合的判定系数为 0.991，可求得：$k=0.0003$，$t=0.071$。

Q 与 σ_3 线性拟合的判定系数为 0.999，可求得：$m=0.005$，$s=0.483$。

切线泊松比：

$$\nu_t = \frac{-\mathrm{d}\varepsilon_r}{\mathrm{d}\varepsilon_a} = \frac{1}{\sqrt{Q^2+4P\varepsilon_a}} = \frac{1}{\sqrt{(m\sigma_3+s)^2+4(k\sigma_3+t)\varepsilon_a}} \tag{4.15}$$

改进后的邓肯-张模型有 9 个参数，其中切线变形模量公式中的 5 个参数不变，为 c、φ、K、n、R_f，切线泊松比公式中 4 个参数，分别为 m、s、k、t。

有机质浸染砂改进邓肯-张模型参数见表 4.3。

表 4.3　　　　　　　　　　改进邓肯-张模型参数

c/kPa	$\varphi/(°)$	K	n	R_f	m	s	k	t
4.2	22.23	384.68	0.612	0.863	0.005	0.483	0.0003	0.071

4.5　本章小结

本章主要根据固结排水剪切试验结果对邓肯-张模型进行适用性分析，发现邓肯-张模型能够很好地描述有机质浸染砂的应力应变关系，但不能准确反映其剪胀性。基于试验数据对邓肯-张模型中的切线泊松比表达式进行修正，得到改进的邓肯-张模型。

5 正 交 试 验

5.1 概述

　　海湾相有机质浸染砂广泛存在于我国沿海地区，同时，沿海地区重要的经济地位与自然资源开发的迫切性赋予了对海湾相有机质浸染砂进行研究的必要性和重要性。有机质浸染砂通过改性处理后可结合邻近的堤防加固工程、地基处理与地基加固工程、填海工程和道路工程进行使用，随着工程建设在海湾地区的繁荣发展，对有机质浸染砂的研究具有广阔的前景，虽然现在几乎没有这方面的研究成果。因此，开展有机质浸染砂水泥改性体强度提高特性的试验研究，可以为同类工程提供理论依据和数据支撑，具有重要的现实意义。

　　研究一种砂土的性状，如果直接通过研究这种砂土的组成成分来分析其性状，难度较大，可以考虑在实验室通过试验不同的影响因素对此砂土性质产生影响的方法，判断分析这种影响因素对砂土性状的影响，通过这种方法可以分析影响因素中单一因素对砂土性状的影响，继而分析出对砂土性状影响的全部因素，此方法已在日常科学研究中得到了全面应用。

　　有机质浸染砂改性试验的试验指标主要是水泥土试块的无侧限抗压强度，影响试验指标的因素主要有：水泥品种、水泥掺入比、龄期、含水率、外加剂的品种和外加剂的掺入量等。目前，大多数对这方面的研究都以有机质土、软土和淤泥等为主，专门针对海湾相有机质砂方面的研究极少，因此，随着全国海湾地区的大范围发展，有必要针对海湾相有机质浸染砂进行研究。

　　本章首先利用正交试验设计进行有机质浸染砂水泥土配合比试验与研究，采用极差分析、方差分析与直观分析方法对试验数据计算整理，判断并找出影响水泥土强度的主要因素，从而对不同强度水泥土配合比进行优选；然后进行有机质浸染砂水泥土试块试验，以水泥为改性主剂，并选择了几种影响因素，确定其掺量范围，通过试验分析各影响因素对改性砂抗压强度影响的敏感性和彼此之间的相互作用；最终选定改性固化剂的最佳配比，从而得到了一种针对有机质浸染砂的改性剂，供实际工程使用。

5.2 有机质浸染砂改性机理

有机质浸染砂改性水泥土是将有机质浸染砂样、水泥、水和外加剂按照一定的配合比进行配比，均匀、混合搅拌后使其成为水泥土。有机质浸染砂水泥土由于试验用有机质浸染砂本身含有有机质，使其具有自身的独特性。有机质浸染砂水泥土不同于混凝土，因为它没有粗骨料；它也不同于普通的水泥砂浆，因为普通的水泥砂浆用砂不会有这么高的有机质含量。有机质浸染砂水泥土显示出它的复杂性，这里将分析有机质浸染砂的改性机理，为本书的室内改性试验提供理论支持。

通过查询前人对有机质水泥土或砂浆水泥土的研究，发现水泥土的形成过程大体包含以下几个方面：①水泥的水解和水化；②水解、水化产物与砂颗粒或土颗粒的作用；③碳酸化作用；④腐殖酸颗粒与砂颗粒或土颗粒的吸附机理。

1. 水泥的水解和水化反应

普通硅酸盐水泥是由水泥矿物组成，组成这些水泥矿物的正是氧化物，氧化物包括：CaO、SiO_2、Al_2O_3、Fe_2O_3 和 SO_3 等；组成的水泥矿物包括：$3CaO \cdot SiO_2$、$2CaO \cdot SiO_2$、$3CaO \cdot Al_2O_3$、$4CaO \cdot Al_2O_3 \cdot Fe_2O_3$ 和 $CaSO_4$ 等；当水泥发生水化和水解反应时，生成的化合物包括：$Ca(OH)_2$、$3CaO \cdot 2SiO_2 \cdot 3H_2O$、$3CaO \cdot Al_2O_3 \cdot 6H_2O$、$3CaO \cdot Fe_2O_3 \cdot 6H_2O$ 和 $3CaO \cdot Al_2O_3 \cdot 3CaSO_4$ 等。

具体的化学反应如下：

（1）$3CaO \cdot SiO_2$：在水泥中约占 50% 左右，主要决定水泥土的强度。
$$2(3CaOSiO_2) + 6H_2O \longrightarrow 3CaO_2SiO_23H_2O + 3Ca(OH)_2$$

（2）$2CaO \cdot SiO_2$：在水泥中约占 25% 左右，主要决定水泥土的后期强度。
$$2(2CaOSiO_2) + 4H_2O \longrightarrow 3CaO_2SiO_23H_2O + Ca(OH)_2$$

（3）$3CaO \cdot Al_2O_3$：在水泥中约占 10%，有早凝的作用。
$$3CaOAl_2O_3 + 6H_2O \longrightarrow 3CaOAl_2O_36H_2O$$

（4）$4CaO \cdot Al_2O_3 \cdot Fe_2O_3$：在水泥中约占 10%，有促进早期强度的作用。
$$4CaOAl_2O_3Fe_2O_3 + 2Ca(OH)_2 + 10H_2O \longrightarrow 3CaOAl_2O_36H_2O + 3CaOFe_2O_36H_2O$$

（5）$CaSO_4$：在水泥中约占 3% 左右，可以和 $CaO \cdot Al_2O_3$ 以及 H_2O 反应，生成 $3CaO \cdot Al_2O_3 \cdot 3CaSO_4$，俗称"水泥杆菌"：
$$3CaSO_4 + 3CaOAl_2O_3 + 32H_2O \longrightarrow 3CaOAl_2O_33CaSO_4$$

水泥的水解、水化反应生成的化合物有的会以晶体的形式析出，有的会沉淀，有的会继续发生反应，这些都会减少砂颗粒与砂颗粒之间的空隙，增加水泥土的密实度，提高有机质浸染砂水泥土的强度。

2. 水泥水解水化产物与有机质浸染砂颗粒的作用

水泥的水解、水化反应完成后，所生成的水解水化产物中的一部分化合物会继续与有机质浸染砂颗粒反应，反应主要包括两方面：离子交换和团粒化作用及硬凝反应。

（1）离子交换和团粒化作用。有机质浸染砂溶于水后，砂体颗粒表面的 Na^+ 或 K^+ 会与水泥水解、水化产物的 $Ca(OH)_2$ 中的 Ca^{2+} 进行离子交换，微小的砂颗粒也会渐渐变大、团聚，砂颗粒会变成砂团粒，水泥土中颗粒的体积会变大，变得密实，强度也就会提高。

（2）硬凝反应。当水泥的水解、水化反应进行后，会生成大量含钙的混合物，Ca^{2+} 会在溶液中析出，析出的大量的 Ca^{2+} 会与有机质浸染砂颗粒中的矿物成分进行反应，如：SiO、Al_2O_3 等，生成更多的化合物，这些化合物不溶于水，会以晶体状析出，化学反应如下：

$$SiO_2 + Ca(OH)_2 + nH_2O \longrightarrow CaOSiO_2(n+1)H_2O$$
$$Al_2O_3 + Ca(OH)_2 + nH_2O \longrightarrow CaOAl_2O_3(n+1)H_2O$$

以上化学反应中生成的化合物都会以晶体的形式析出，会增加水泥土的密实度，减少砂颗粒与砂颗粒之间的空隙，提高有机质浸染砂水泥土的强度。

3. 碳酸化作用

有机质浸染砂水溶液中多余的 $Ca(OH)_2$ 可以和水中及空中的 CO_2，发生碳酸化作用，生成 $CaCO_3$，$CaCO_3$ 几乎不溶于水，会在溶液中沉淀，化学反应如下：

$$Ca(OH)_2 + CO_2 \longrightarrow CaCO_3 \downarrow + H_2O$$

反应中生成的 $CaCO_3$ 难溶于水，会提高有机质浸染砂水泥土的强度。

4. 腐殖酸与砂颗粒吸附机理

通过研究发现，腐殖酸一般都是与砂颗粒牢牢的聚合在一起。胡敏酸与富里酸可以和砂体中的矿物结合，因为胡敏酸与富里酸含有多种活性官能团，而砂体颗粒则会吸附腐殖酸，并且进行离子交换。腐殖酸之所以可以和改性砂溶液中的阳离子发生反应，形成络合物，是因为腐殖酸中的羧基和酚羟基可以参加络合反应。

腐殖酸中的有机物通过共价键、氢键、范德华力等连接在有机质浸染砂颗粒的表面。腐殖酸有机物等连接在砂土颗粒的表面会导致砂颗粒表面对水的性质的改变，由于胶结作用可以让更多的化合物团聚在砂颗粒的表面，增加有机质浸染砂团聚体的团聚力，吸附类型与作用力之间的关系见表5.1。

表 5.1   **吸附类型与作用力之间的关系**

吸附类型	作用力	作用范围
化学吸附	共价键	化学键作用范围
	氢键	化学键作用范围
静电吸附	库仑力	$1/r$
	离子-偶极作用力	$1/r^2$
物理吸附	取向力	$1/r^3$
	诱导力	$1/r^6$
	色散力	$1/r^6$

5.3   试验方案

正交试验设计（orthogonal experimental design）是一种根据正交性挑选出有代表性的点进行试验的设计方法，正交试验设计由于其本身所具有的快速和高效率的特点而被广泛应用于科学试验中。正交表最早是被日本统计学家田口玄一提出，他将正交试验所选择的水平组合列成表格，正是目前被普遍使用的正交表。

假如需要进行一个三因素三水平的试验，如果是正常进行试验的话，须进行 $3^3=27$ 组试验，其中并没有考虑试验中可能发生的重复数。如果按照正交试验进行设计，$L_9(3^3)$ 总共是 9 组试验，显而易见按照正交试验设计可以大大减少工作量，节约试验周期和成本。

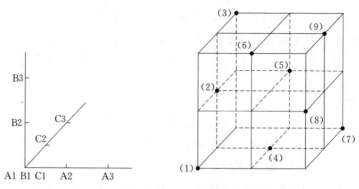

图 5.1   正交表 $L_9(3^4)$ 试验点均衡分布图

正交试验法就是利用正交表的均匀、整齐的特点来进行试验设计，通过少数试验，对试验结果进行统计分析，达到我们的试验目的。这种试验设计法是从大量试验点中挑选适量的具有代表性的点，利用已经造好的表格——正交

表来安排试验并进行数据分析的方法。因为正交表上的点都是具有代表性的点，所以它所代表的因素也是均衡的，这些正好保证了我们进行全面试验的要求，使正交试验的每组试验都可以均衡的代表全面试验，能够更好地达到试验目的，正交表 $L_9(3^4)$ 试验点均衡分布见图 5.1。

正交试验设计的内容主要包括两方面：①安排试验；②分析试验结果。

正交试验的一般步骤如下。

（1）明确试验目标，确定试验目标对应的考察指标。

（2）确定影响因素及各影响因素的水平数。

（3）根据影响因素的数量、因素的水平数选择合适的正交表，如三因素二水平，一般选 $L_4(2^3)$，四因素三水平则一般选 $L_9(3^4)$，混合正交表可用于各因素的水平数不同时。

（4）表头设计、进行试验。

（5）对试验结果进行统计分析，找出各因素的主次关系以及试验目标的最佳组合条件。

（6）重复试验进行验证。

5.3.1 试验仪器和材料

本试验中用到的试验仪器有：筛分仪、烘箱、电子天平、烧杯、量筒、水泥净浆搅拌机、刮刀、保鲜膜、振动台、电子万能试验机，70.7mm×70.7mm×70.7mm 的立方体铁模。

试验仪器的用途如下。

（1）筛分仪。本试验用的有机质浸染砂样由于取样前已经经过上千年的沉淀与固结，导致很多有机质浸染砂结成块状，且内部含有比较大的植物根系等，这会影响水泥土试验结果。所以试验前，会把试验用砂用橡皮锤敲碎，然后用筛分仪统一过 2mm 的筛，尽量减少砂样结块以及植物根系等对试验结果的影响。

（2）烘箱。如果对有机质浸染砂进行完全风干，难度较大，且需要较长的时间，会影响试验的进行。故试验前用烘箱对有机质浸染砂样进行烘干，这样可以保证砂样的含水率精确，提高试验结果的准确性。

（3）水泥净浆搅拌机。在搅拌前，搅拌锅和搅拌叶先用湿布擦净；然后将称好的试样倒入搅拌锅内，把搅拌锅放在搅拌机锅座上，升至搅拌位置；再开动机器，同时徐徐加入水拌和，慢速搅拌 120s，停拌 15s，接着快速搅拌 120s 后停机，断开电源；最后把有机质浸染砂水泥土装入事先准备好的试模里，并应及时清洗搅拌叶和搅拌锅。

（4）振动台。首先接通电源；然后调整仪器试验参数；再按下电源通按钮，风机启动后，打开增益旋钮，系统进入待运行状态；最后运行试验，有机质浸染砂水泥土分两次装入试模内，每次装入的量应略过试模口，分别振实，至试验结束。

（5）电子万能试验机。试验用 CMT-100 电子万能试验机，最大试验力为 100kN。首先接通仪器电源，打开电脑软件控制系统，操作软件，设置试验参数，并保存；然后放置试块，打开启动按钮，开始试验，至试验结束，保存试验数据，清理试验现场。

（6）电子天平。用于称取砂样，进行试验；烧杯、量筒用于试验中称取水的质量；刮刀用于水泥土装入试模振动后刮平试块表面；保鲜膜用于试块表面刮平后，盖于试块上；本试验的试模选用的是 70.7mm×70.7mm×70.7mm 的立方体铁模，因为塑料试模拆模时，由于气枪的作用，容易导致试块破损，故本试验选用铁模。

本试验用的砂样、水泥、熟石灰、粉煤灰和石灰石粉等材料，分述如下。

（1）试验采用的海湾相有机质浸染砂砂样取自文昌市龙楼镇某工程场地基坑中，其工程特性见表 5.2。

表 5.2　　　　　　　　　　　　有机质浸染砂的工程特性

最大干密度 $\rho/(g/cm^3)$	黏聚力 C_k/kPa	摩擦角 $\varphi_k/(°)$	承载力特征值 f_{ak}/kPa	压缩模量 E/MPa	桩极限侧阻力/kPa
1.723	0	30	160	20	40

（2）水泥选用的是海南市售的 P·C32.5 和 P·O42.5 水泥。水泥是胶凝材料的主要成分，也是配制水泥土时所需的一种最基本的原材料。水泥经过水化反应形成填充骨料之间空隙的水泥浆体，水泥土硬化前水泥浆体的润滑作用能够使其获得良好的工作性能，硬化后起到将骨料相互胶结为一体的作用。随着工程中对水泥土性能要求的提高，为了达到工作性能、强度、体积稳定性和耐久性的要求，通常向水泥土中掺入矿物掺和料和化学外加剂，以满足各类工程结构的要求，这从而使得水泥土成为了一种多相、多孔、非匀质的复杂化学材料。由此可见，水泥的选择就显得尤为重要，水泥的性能将直接影响水泥土的性能。

目前海南市场上常用的水泥主要是 P·C32.5 和 P·O42.5 水泥，其他型号的水泥市场上流通较少。故本试验中水泥选用的是海南市售的 P·C32.5 和 P·O42.5 水泥，分别针对这两种不同强度型号的水泥进行室内改性试验，可以让使用者结合水泥成本和水泥土所要达到的强度合理选择合适的水泥型号。试验用水泥主要成分和性能见表 5.3、表 5.4。

表 5.3　　　　　　　　　　　　　水泥的主要化学成份

化学成分 水泥类型	SiO$_2$	Al$_2$O$_3$	Fe$_2$O$_3$	CaO	MgO	SO$_3$	烧失量
P·C32.5	22.50	6.18	3.31	64.33	1.08	1.89	1.47
P·O42.5	21.82	5.69	3.40	67.09	1.51	1.86	3.3

表 5.4　　　　　　　　　　　　　水 泥 的 性 能

力学指标 水泥类型	抗压强度/MPa			抗折强度/MPa		
	3d	7d	28d	3d	7d	28d
P·C32.5	11.03	18.40	33.78	2.75	4.45	7.15
P·O42.5	25.43	36.55	45.45	5.55	7.40	8.50

（3）试验用掺和料选用的是熟石灰、粉煤灰和石灰石粉。

1）有机质浸染砂。是一种多孔隙物质，水泥、掺和料与水形成的浆液可进入砂体孔隙，改善砂体孔隙结构，提高砂浆密实程度，进而提高水泥的强度；此外，掺和料可降低有机质浸染砂的酸性物质对水泥水化作用的影响，从而提高了改性混合砂浆的强度；并且，所用掺和料成本较低，均为普通的材料，容易获取。

2）熟石灰。采用市售的白色粉末状固体，化学式 Ca(OH)$_2$，俗称消石灰。氢氧化钙微溶于水，是一种二元强碱，具有碱的通性，对皮肤，织物有腐蚀，氢氧化钙在工业中有广泛的应用。

3）粉煤灰。选用海口电厂的干排粉，为Ⅱ级磨细粉。粉煤灰，是从煤燃烧后的烟气中收捕下来的细灰，粉煤灰是燃煤电厂排出的主要固体废物。所以工程上把粉煤灰作为掺和料来用是一举两得之措，不仅可以减少垃圾的排放、环境的污染，还可以实现垃圾的再处理、再利用。

4）石灰石粉。采用市售的白色粉末状固体，其成分 99% 为碳酸钙（CaCO$_3$），是一种无机化合物，主要矿物成分为方解石，呈中性，基本上不溶于水，溶于盐酸。我国的石灰石粉含量丰富，研究石灰石粉有着巨大的经济价值，可以节约资源，降低生产成本，改善产品性能，减少环境污染。

5.3.2　试样的制备与养护

制备过程：首先计算试验中材料的用量，然后准确称取试验材料；最后将试验材料均匀混合搅拌，先人工搅拌，再机器搅拌。

成形过程：首先将规格为 70.7mm×70.7mm×70.7mm 的标准铁模均匀涂上润滑油（方便脱模以及对试模的养护）；然后将搅拌均匀配置好的水泥土分 3 次装模，先人工振动，后放在振动台上振动使其均匀；最后人工用刮刀刮掉试模外多余的水泥土，盖上塑料保鲜膜，48h后脱模。

将脱模后的水泥土试块放入标准养护室中养护，养护温度控制在20℃±2℃、相对湿度不小于95%。水泥土试块放置在试块架上，养护龄期分别为7d、14d和28d，待龄期达到后进行无侧限抗压强度试验。

大规模室内改性试验进行之前预先做过一些准备试验，准备试验是养护24h后进行脱模，结果发现试块强度太低，根本无法拆模或者拆模后试块破损严重（图5.2），导致试验失败，所以将24h调整为48h后进行脱模。

图5.2 试块养护24h拆模

5.3.3 无侧限抗压强度试验

本次试验选用的是CMT－100电子万能试验机，最大试验力为100kN。试验开始前设置试验参数，准备试验，把润滑油涂在试验机和水泥土试块接触的承压面上；开始试验，加荷速率控制在1mm/min左右。

水泥土试块的抗压强度按下式计算：

$$f_{cu} = P/A \tag{5.1}$$

式中 f_{cu}——水泥土试块在试验龄期的抗压强度，MPa；

P——水泥土试块的破坏荷载，N；

A——水泥土试块的承压面积，mm^2。

确定水泥土抗压强度代表值时，应符合以下规定。

（1）3个试验值的算术平均值作为该组试件的强度值。

（2）3个试验值中的最大值或最小值如有一个与中间值之差超过中间值的15%时，则把最大及最小值一并舍除，取中间值作为该组试件的抗压强度值。

（3）如最大值和最小值与中间值之差均超过中间值的15%时，则该组试

件的试验结果无效。

5.3.4　试验方案设计

1. 配合比参数的选取

在原材料已选定的情况下，为了使有机质浸染砂水泥土的强度指标满足要求，在配制水泥土时需合理选取配合比设计中的一些主要参数，如掺和料种类、水泥掺入比、水灰比等。因此研究中以掺和料种类、水泥掺入比和水灰比3个主要因素进行研究，每个因素取3个水平，试验的指标是水泥土试块7d、14d、28d无侧限抗压强度。

（1）水泥标号。目前，海南建筑市场上常用的水泥为 P·C32.5 复合硅酸盐水泥和 P·O42.5 普通硅酸盐水泥，其他型号的水泥几乎不流通。故本研究是针对这两种常用水泥分别独立进行正交试验。

（2）掺和料种类。掺和料是为了改善水泥土性能，调节水泥土强度等级，在水泥土拌和时掺入天然的或人工的能改善水泥土性能的粉状矿物质。工程上可供选择的掺和料种类较多，本试验结合材料成本以及有机质浸染砂改性试验所要达到的强度要求，选择海南市场上普遍使用的熟石灰、粉煤灰和石灰石粉作为掺和料种类这一因素的3个水平。参照有关资料和规范，掺和料的掺入量统一取为水泥用量的7.5%。

（3）水泥掺入比。结合前人针对有机质土、软土和淤泥等的研究成果，水泥掺入比的范围一般取为10%～20%。通过查询资料发现当水泥掺入比小于10%时，水泥掺入比对水泥土强度几乎没有影响，水泥土强度增长不明显，效果较差；当水泥掺入比大于20%时，水泥土强度会持续增加，但是增长的速率越来越小，且材料成本较高，应用到实际工程中不合理。因此，本试验选取水泥掺入比的3个水平分别为10%、15%和20%。

（4）水灰比。水灰比是影响水泥土性能的重要因素，高性能水泥土的水灰比通常小于0.45，而低强度等级的水泥土一般取为0.45～0.55。本课题在前期已做过一些准备工作，试验中发现：当水泥土水灰比的范围取小于0.45时，试块太过干燥，水泥、砂体和掺和料的黏合效果较差，试块表面裂缝较多，降低试块强度。本试验参照相关文献与试验经验，初步将水灰比取为0.45、0.60和0.75 3个水平。

具体的正交试验的因素及水平见表5.5。

2. 正交试验方案

在进行水泥土配合比设计时，考虑掺和料种类、水泥掺入比和水灰比3种因素对水泥土无侧限抗压强度的影响，并针对3种因素分别选取3种水平，故试验采用标准的3因素3水平正交试验表 $L_9(3^4)$ 进行正交试验。具体的正交试验表试验方案见表 5.6。

表 5.5　　　　　　　　因　素　及　水　平

水平	因素		
	掺和料种类（A）	水泥掺入比（B）	水灰比（C）
1	熟石灰	10%	0.45
2	粉煤灰	15%	0.60
3	石灰石粉	20%	0.75

表 5.6　　　　　　　　正　交　试　验　表

试验号	因素		
	掺和料种类	水泥掺入比/%	水灰比
1	熟石灰	10	0.45
2	熟石灰	15	0.60
3	熟石灰	20	0.75
4	粉煤灰	10	0.60
5	粉煤灰	15	0.75
6	粉煤灰	20	0.45
7	石灰石粉	10	0.75
8	石灰石粉	15	0.45
9	石灰石粉	20	0.60

5.4　正交试验结果分析

5.4.1　正交试验结果分析方法

　　正交试验方法凭借其自身所特有的快速、高效和能够有效减少试验组数的特点，广泛应用于日常实践中，并可以根据正交试验方法所特有的试验结果分析方法分析出我们所需要的结论，为日常学习提供了很大的便利。

　　本文将通过极差分析方法和方差分析方法（或统计分析方法）对试验结果进行分析。

1. 极差分析方法

　　下面以试验中的 $L_9(3^4)$ 为例讨论极差分析方法。用极差分析方法进行正交试验结果的分析可以得出以下几个结论。

　　（1）各列对试验指标的影响—极差 D。

　　（2）各因素对试验指标的影响规律，常绘制成图。

　　（3）对试验指标作用效果最好的因素和水平。

（4）试验结论和进一步的研究内容。

表 5.7　　　　　　　　　　**$L_9(3^4)$ 正 交 试 验 计 算**

列号		1	2	3	试验指标 y_i
试验号	1	1	1	1	y_1
	2	1	2	2	y_2
	3	1	3	3	y_3
	4	2	1	2	y_4
	5	2	2	3	y_5
	6	2	3	1	y_6
	7	3	1	3	y_7
	8	3	2	1	y_8
	9	3	3	2	y_9
I_j		$I_1=y_1+y_2+y_3$	$I_2=y_1+y_4+y_7$	$I_3=y_1+y_6+y_8$	
II_j		$II_1=y_4+y_5+y_6$	$II_2=y_2+y_5+y_8$	$II_3=y_2+y_4+y_9$	
III_j		$III_1=y_7+y_8+y_9$	$III_2=y_3+y_6+y_9$	$III_1=y_3+y_5+y_7$	
k_j		$k_1=3$	$k_1=3$	$k_3=3$	
I_j/k_j		I_1/k_1	I_2/k_2	I_3/k_3	
II_j/k_j		II_1/k_1	II_2/k_2	II_3/k_3	
III_j/k_j		III_1/k_1	III_2/k_2	III_3/k_3	
极差 D_j		max｛ ｝-min｛ ｝	max｛ ｝-min｛ ｝	max｛ ｝-min｛ ｝	

2. 方差分析方法

方差分析方法与极差法相比，可以多得出一个结论：各列对试验指标的影响的显著性分析，在什么水平上显著。显著性分析强调的是试验中每列对试验指标的影响起多大的作用，在数理统计上，这是很重要的。

5.4.2　正交试验结果

本试验是以 P·C32.5 和 P·O42.5 水泥分两组进行的。

P·C32.5 组试验结果见表 5.8。

表 5.8　　　　　　　　**正交试验结果（P·C32.5）**

试验号	原材料名称及材料用量/g						抗压强度/MPa		
	砂	水泥	水	掺和料	水泥掺入比	水灰比	7d	14d	28d
1	1900	211.2	306.8	15.8	10%	0.45	0.245	1.111	1.640
2	1900	316.8	401.9	23.8	15%	0.60	0.594	1.063	1.612

续表

试验号	原材料名称及材料用量/g						抗压强度/MPa		
	砂	水泥	水	掺和料	水泥掺入比	水灰比	7d	14d	28d
3	1900	422.4	528.6	31.7	20%	0.75	0.582	1.091	1.670
4	1900	211.2	338.5	15.8	10%	0.60	0.061	0.077	0.146
5	1900	316.8	449.4	23.8	15%	0.75	0.063	0.089	0.244
6	1900	422.4	401.9	31.7	20%	0.45	0.074	0.096	0.236
7	1900	211.2	370.2	15.8	10%	0.75	0.093	0.111	0.312
8	1900	316.8	354.4	23.8	15%	0.45	0.115	0.172	0.411
9	1900	422.4	465.2	31.7	20%	0.60	0.157	0.195	0.482

P·O42.5组试验结果见表5.9。

表 5.9 　　　　　　　　　**正交试验结果（P·O42.5）**

试验号	原材料名称及材料用量/g						抗压强度/MPa		
	砂	水泥	水	掺和料	水泥掺入比	水灰比	7d	14d	28d
1	1900	211.2	306.8	15.8	10%	0.45	1.497	3.172	3.634
2	1900	316.8	401.9	23.8	15%	0.60	2.237	4.067	5.076
3	1900	422.4	528.6	31.7	20%	0.75	3.209	5.404	6.595
4	1900	211.2	338.5	15.8	10%	0.60	1.691	2.178	2.478
5	1900	316.8	449.4	23.8	15%	0.75	1.113	1.785	2.381
6	1900	422.4	401.9	31.7	20%	0.45	1.461	2.676	3.228
7	1900	211.2	370.2	15.8	10%	0.75	0.354	0.724	1.061
8	1900	316.8	354.4	23.8	15%	0.45	2.447	3.484	4.194
9	1900	422.4	465.2	31.7	20%	0.60	1.747	2.928	3.332

5.4.3　试验结果分析

　　对有机质浸染砂水泥土试块正交试验的试验结果，以水泥土试块无侧限抗压强度为试验指标，分别采用极差分析法、方差分析法和直观图分析法将各因素水平对试验指标的影响作用进行分析。通过计算，分析结果见表5.10、表5.11。

表 5.10 　　　　　　　　　**极差结果分析表（P·C32.5）**

差异源	极差	偏差平方和	自由度	均方和
因素 A	1.432	3.623	2	1.8115
因素 B	0.097	0.014	2	0.0071
因素 C	0.020	0.001	2	0.0003
总和 T	—	3.638	6	—

表 5.11 　　　　　　　　极差结果分析表 （P·O42.5）

差异源	极差	偏差平方和	自由度	均方和
因素 A	2.406	10.831	2	5.4156
因素 B	1.994	6.455	2	3.2277
因素 C	0.340	0.199	2	0.0993
总和 T	—	17.485	6	—

1. 极差分析

由表中极差分析可知，在 P·C32.5 水泥和 P·O42.5 水泥两组正交试验的因素水平变化范围内，掺和料种类的极差都是最大，且在 P·C32.5 水泥正交试验中，掺和料种类的极差明显大于其他两个因素的极差。表明掺和料种类对试验指标——水泥土试块无侧限抗压强度的影响最大，掺和料种类（因素 A）是影响试验指标的主要因素，其次是水泥掺入比（因素 B）和水灰比（因素 C）。

2. 方差分析

对有机质浸染砂正交试验结果采用方差分析法进行分析的结果见表 5.12 和表 5.13，因为本试验所选正交表与自由度的关系，同时因素 C 的影响最小，所以进行方差分析时将因素 C 作为误差项。由表 5.12 和表 5.13 可以看出，在 P·C32.5 水泥和 P·O42.5 水泥两组试验中，掺和料种类（因素 A）是影响水泥土试块抗压强度的最主要因素，其 F 值大于临界值 $F_{0.025}(2, 2) = 39.00$，尤其在 P·C32.5 组试验中，其 F 值远大于临界值，掺和料种类的显著性水平可达到 97.5%，所以掺和料种类对水泥土抗压强度的影响是显著的；两组试验中，水泥掺入比（因素 B）的 F 值均大于临界值 $F_{0.05}(2, 2) = 19.00$ 且小于临界值 $F_{0.025}(2, 2) = 39.00$，这说明水泥掺入比对水泥土抗压强度的影响具有一定的显著性；水灰比（因素 C）对水泥土抗压强度的影响不具有显著性。

表 5.12 　　　　　　　　方差结果分析表 （P·C32.5）

差异源	偏差平方和	自由度	均方和	F 值	临界值
因素 A	3.623	2	1.8115	5322.71	$F_{0.005}(2, 2) = 199.00$
因素 B	0.014	2	0.0071	20.78	$F_{0.025}(2, 2) = 39.00$
因素 C	0.001	2	0.0003	1.00	$F_{0.05}(2, 2) = 19.00$
总和 T	3.638	6	—	—	

表 5.13 　　　　　　　　方差结果分析表 （P·O42.5）

差异源	偏差平方和	自由度	均方和	F 值	临界值
因素 A	10.831	2	5.4156	54.52	$F_{0.01}(2, 2) = 99.01$
因素 B	6.455	2	3.2277	32.49	$F_{0.025}(2, 2) = 39.00$
因素 C	0.199	2	0.0993	1.00	$F_{0.05}(2, 2) = 19.00$
总和 T	17.485	6	—	—	

通过极差分析与方差分析可以看出：在 P·C32.5 水泥和 P·O42.5 水泥两组正交试验中，掺和料种类（因素 A）是影响试验指标的主要因素，其次是水泥掺入比（因素 B），水灰比（因素 C）的影响最小。

3. 直观图分析

为了更直观地分析掺和料种类、水泥掺入比和水灰比各因素对水泥土试块强度的影响，本文绘制了正交试验考核指标抗压强度随因素水平变化的趋势图，试验结果见图 5.3。

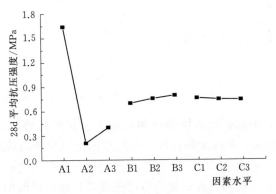

图 5.3　28d 平均抗压强度随因素水平变化趋势图（P·C32.5）

图 5.4 画出了各因素水平对应的 28d 平均抗压强度，图 5.4 可知，两组试验中掺和料种类对试验指标的影响比较明显，其中，熟石灰的效果是极为有效的，石灰石粉效果一般，粉煤灰效果不明显；抗压强度随着水泥掺入比的增大而增大，水泥掺入比 10%～15% 的抗压强度增幅比 15%～20% 的较大，P·O42.5 水泥比 P·C32.5 更为明显；抗压强度随水灰比的增大而减小，P·C32.5 水泥抗压强度减少幅度较缓慢、稳定，水灰比为 0.60～0.75 时，P·O42.5 水泥抗压强度减少幅度较前略有增加。

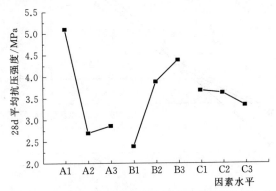

图 5.4　28d 平均抗压强度随因素水平变化趋势图（P·O42.5）

下面将画出各影响因素分别对应的7d、14d和28d抗压强度趋势图,见图5.5。

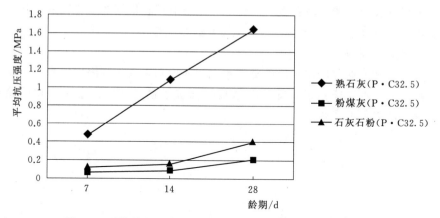

图5.5 平均抗压强度随掺和料种类变化趋势图 (P•C32.5)

图5.5可知,平均抗压强度随掺和料种类变化的趋势,在龄期7d、14d、28d时,掺入熟石灰、粉煤灰和石灰石粉的水泥土试块平均抗压强度均随着龄期的增长而增大。但是,熟石灰的增长速度较快,粉煤灰和石灰石粉的增长速度较为缓慢,且粉煤灰和石灰石粉的后期强度增长速度较前期略有增加。整体看来,掺加熟石灰的水泥土试块平均抗压强度远大于掺加粉煤灰和石灰石粉的,其中,掺加石灰石粉的试块强度又略大于掺加粉煤灰的试块强度。

由图5.6可知,平均抗压强度随水泥掺入比变化的趋势,在龄期7d、14d、28d时,水泥掺入比为10%、15%和20%的水泥土试块平均抗压强度均随着龄期的增长而增大,且增长速度较快。很明显,水泥掺入比为15%和20%的水泥土试块早期平均抗压强度比水泥掺入比为10%的水泥土试块早期平均抗压强度要高。整体看来,水泥土试块平均抗压强度随着水泥掺入比的增

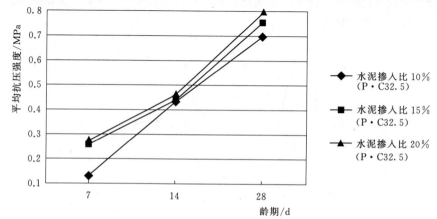

图5.6 平均抗压强度随水泥掺入比变化趋势图 (P•C32.5)

加而增加，但是，当水泥掺入比介于 15％～20％的时候，水泥土试块平均抗
压强度增加的幅度不明显。

　　由图 5.7 可知，平均抗压强度随水灰比变化的趋势，在龄期 7d、14d、28d
时，水灰比为 0.45、0.60 和 0.75 的水泥土试块平均抗压强度均随着龄期的增长
而增大，增长速度较为稳定。早期时，水灰比为 0.60 和 0.75 的水泥土试块平均
抗压强度比水灰比为 0.45 的水泥土试块平均抗压强度要高；后期时，水灰比为
0.60 和 0.75 的水泥土试块平均抗压强度比水灰比为 0.45 的水泥土试块平均
抗压强度要低。整体看来，水灰比为 0.60 的水泥土试块抗压强度比水灰比为
0.75 的水泥土抗压强度要高，后期水灰比为 0.45 的水泥土抗压强度最高。

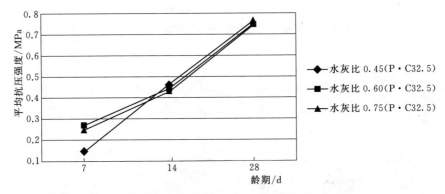

图 5.7　平均抗压强度随水灰比变化趋势图 （P·C32.5）

　　由图 5.8 可看出，平均抗压强度随掺和料种类变化的趋势，在龄期 7d、
14d、28d 时，掺入熟石灰、粉煤灰和石灰石粉的水泥土试块平均抗压强度均
随着龄期的增长而增大，但是后期强度增长幅度较前期略有减缓。整体看来，
掺加熟石灰的水泥土试块平均抗压强度远大于掺加粉煤灰和石灰石粉的，其
中，掺加石灰石粉的试块强度又略大于掺加粉煤灰的试块强度。

　　由图 5.9 可看出，平均抗压强度随水泥掺入比变化的趋势，在龄期 7d、
14d、28d 时，水泥掺入比为 10％、15％和 20％的水泥土试块平均抗压强度均
随着龄期的增长而增大，后期强度增长幅度较前期略有减缓。整体看来，水泥
土试块平均抗压强度随着水泥掺入比的增加而增加，但是，当水泥掺入比介于
15％～20％的时候，水泥土试块平均抗压强度增加的幅度减小。

　　由图 5.10 可知，平均抗压强度随水灰比变化的趋势，在龄期 7d、14d、
28d 时，水灰比为 0.45、0.60 和 0.75 的水泥土试块平均抗压强度均随着龄期
的增长而增大，后期强度增长幅度较前期略有减缓。整体看来，水灰比为
0.45 和 0.60 的水泥土试块抗压强度比水灰比为 0.75 的水泥土抗压强度要高，
但是，水灰比为 0.45 的水泥土强度和水灰比为 0.60 的强度变化不明显。

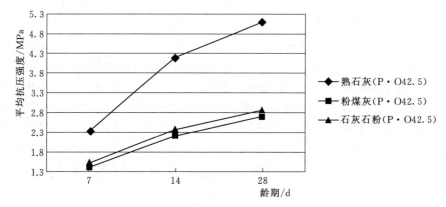

图 5.8　平均抗压强度随掺和料种类变化趋势图（P·O42.5）

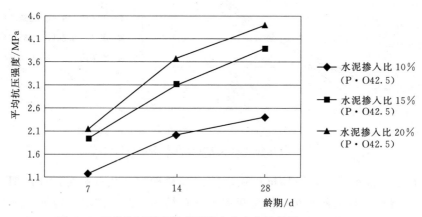

图 5.9　平均抗压强度随水泥掺入比变化趋势图（P·O42.5）

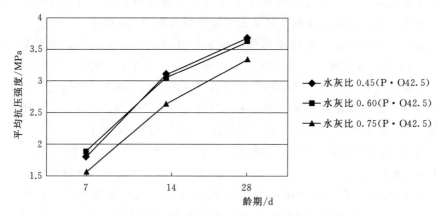

图 5.10　平均抗压强度随水灰比变化趋势图（P·O42.5）

基于以上的分析，继续进行了下面的研究。

采用 PHB 笔型 pH 计测定浸泡砂样后的蒸馏水溶液呈弱酸性（6.21），经检测发现有机质浸染砂浸泡液中含有较多的 H^+，是由于有机质浸染砂颗粒中所携带的腐殖酸本身的羧基、酚基、烃基容易发生解离，其中的胺基容易发生质子化，这样氢离子（H^+）就会被电离出来，使有机质浸染砂浸泡液呈弱酸性。在掺和料中，熟石灰的碱性最高，石灰石粉次之，粉煤灰最低。熟石灰中的 OH^- 可以中和砂样中的 H^+，降低了有机质的存在对水泥水化作用的影响，使水泥土的强度提高，所以熟石灰的效果最为明显。水泥掺入比介于 10％～20％时，水泥掺入比越高，水泥与有机质浸染砂之间的作用越充分，水泥土强度越高。水泥土水灰比介于 0.45～0.75 时，砂中的含水率随着水灰比的增大而提高，当含水率过高时，水泥土中存在多余的未参加水泥水化反应的游离水分子填充了水泥土中多余的空隙，导致抗压强度降低。

通过前面试验数据计算分析与画图分析，可以看出极差分析、方差分析和直观图分析的试验结果和规律都是统一的：P·O42.5 组试验抗压强度整体都比 P·C32.5 组的高，影响水泥土试块的主要因素为掺和料种类，其次为水泥掺入比，最后为水灰比。由因素对抗压强度的影响趋势图可知，水泥土配合比的最优组合条件为 A1B3C1，也就是掺和料为熟石灰，水泥掺入比 20％，水灰比 0.45。

5.5　本章小结

本章基于 P·C32.5 水泥与 P·O42.5 水泥，以掺和料种类、水泥掺入比、水灰比 3 个影响因素各取 3 个水平数进行正交试验设计，以试块 7d、14d 和 28d 抗压强度为试验目标考察指标，并对试验结果采用极差分析法、方差分析法和直观图分析法进行分析。从而针对海南市场上常用的水泥选择出有机质浸染砂水泥土的最优配合比，并分析了各因素之间的主次关系及各因素适宜的水平。通过试验研究，主要得出了以下结论。

（1）正交试验是基于 P·C32.5 水泥与 P·O42.5 水泥独立进行的两组试验，P·O42.5 组试验水泥土强度明显高于 P·C32.5 组试验，实际工程中可结合材料成本与达到的加固强度要求，综合考虑选择合适的水泥。

（2）对两组有机质浸染砂水泥土无侧限抗压强度来说，掺和料种类都是主要的影响因素，水泥掺入比次之，水灰比影响最小，掺和料最适宜的水平为熟石灰，水泥掺入比为 20％，水灰比为 0.45。

（3）在正交表中，各因素中的水平及任两列的水平搭配次数都相同，正交试验各因素及水平出现的均匀性，有效地保证了试验结果的准确性。

6 室内改性试验

6.1 概述

经过前面的内容，已经了解有机质浸染砂的基本工程特性及其改性机理；通过正交试验，发现影响有机质浸染砂水泥土无侧限抗压强度的因素及各因素对强度影响的程度。但是，正交试验只是系统的通过几组试验，分析得出水泥土抗压强度的影响因素和水泥土配合比的最优因素水平，并不能很透彻、很深入地了解各影响因素具体是如何影响机质浸染砂水泥土抗压强度的，影响的程度、影响的规律是怎样的。

所以，本章将通过有机质浸染砂室内改性试验，具体、深入地了解各影响因素是如何影响水泥土抗压强度以及影响的程度、影响的规律。通过室内试验，全面地了解有机质浸染砂工程特性，为实际生产提高可直接参考使用的经验和规律，提高生产效率。

6.2 试验方案

在前面正交试验研究的基础上，进行有机质浸染砂大规模室内改性试验，研究掺和料种类、水泥掺入比和水灰比等因素具体对有机质浸染砂抗压强度的影响，找出规律。本试验结合海南市场上主要用的 P·C32.5 水泥与P·O42.5水泥分别进行试验，共 54 组试验，具体的试验方案见表 6.1。

表 6.1　　　　　　　　试验方案（P·C32.5/P·O42.5）

试验编号	配方		水泥掺入比	水灰比	配合比（砂：水泥：水：掺和料）
	（水泥	掺和料			
1	P·C32.5/P·O42.5	熟石灰	10%	0.45	1900：211.2：306.8：15.8
2	P·C32.5/P·O42.5	熟石灰	10%	0.60	1900：211.2：338.5：15.8
3	P·C32.5/P·O42.5	熟石灰	10%	0.75	1900：211.2：370.2：15.8
4	P·C32.5/P·O42.5	熟石灰	15%	0.45	1900：316.8：354.4：23.8
5	P·C32.5/P·O42.5	熟石灰	15%	0.60	1900：316.8：401.9：23.8
6	P·C32.5/P·O42.5	熟石灰	15%	0.75	1900：316.8：449.4：23.8
7	P·C32.5/P·O42.5	熟石灰	20%	0.45	1900：422.4：401.9：31.7

试验编号	配方				配合比
	（水泥	掺和料	水泥掺入比	水灰比）	（砂：水泥：水：掺和料）
8	P·C32.5/P·O42.5	熟石灰	20%	0.60	1900：422.4：465.2：31.7
9	P·C32.5/P·O42.5	熟石灰	20%	0.75	1900：422.4：528.6：31.7
10	P·C32.5/P·O42.5	粉煤灰	10%	0.45	1900：211.2：306.8：15.8
11	P·C32.5/P·O42.5	粉煤灰	10%	0.60	1900：211.2：338.5：15.8
12	P·C32.5/P·O42.5	粉煤灰	10%	0.75	1900：211.2：370.2：15.8
13	P·C32.5/P·O42.5	粉煤灰	15%	0.45	1900：316.8：354.4：23.8
14	P·C32.5/P·O42.5	粉煤灰	15%	0.60	1900：316.8：401.9：23.8
15	P·C32.5/P·O42.5	粉煤灰	15%	0.75	1900：316.8：449.4：23.8
16	P·C32.5/P·O42.5	粉煤灰	20%	0.45	1900：422.4：401.9：31.7
17	P·C32.5/P·O42.5	粉煤灰	20%	0.60	1900：422.4：465.2：31.7
18	P·C32.5/P·O42.5	粉煤灰	20%	0.75	1900：422.4：528.6：31.7
19	P·C32.5/P·O42.5	石灰石粉	10%	0.45	1900：211.2：306.8：15.8
20	P·C32.5/P·O42.5	石灰石粉	10%	0.60	1900：211.2：338.5：15.8
21	P·C32.5/P·O42.5	石灰石粉	10%	0.75	1900：211.2：370.2：15.8
22	P·C32.5/P·O42.5	石灰石粉	15%	0.45	1900：316.8：354.4：23.8
23	P·C32.5/P·O42.5	石灰石粉	15%	0.60	1900：316.8：401.9：23.8
24	P·C32.5/P·O42.5	石灰石粉	15%	0.75	1900：316.8：449.4：23.8
25	P·C32.5/P·O42.5	石灰石粉	20%	0.45	1900：422.4：401.9：31.7
26	P·C32.5/P·O42.5	石灰石粉	20%	0.60	1900：422.4：465.2：31.7
27	P·C32.5/P·O42.5	石灰石粉	20%	0.75	1900：422.4：528.6：31.7

注 掺和料掺入量暂时统一按水泥用量的 7.5% 计算

6.3 试验结果与分析

6.3.1 试验结果

试验结果见表 6.2、表 6.3。

表 6.2　　　　　　　　**试验结果（P·C32.5）**

	龄期/d	水泥土试块抗压强度/MPa		
编号		7	14	28
	1	0.245	0.88	1.834
	2	0.212	0.504	1.617
	3	0.138	0.200	0.390

续表

水泥土试块抗压强度/MPa			
编号 \ 龄期/d	7	14	28
4	0.706	1.268	2.140
5	0.594	1.060	1.759
6	0.245	0.412	0.502
7	0.86	1.718	2.790
8	0.78	1.353	2.094
9	0.48	0.650	1.070
10	0.063	0.070	0.087
11	0.061	0.077	0.116
12	0.06	0.087	0.240
13	0.071	0.087	0.176
14	0.07	0.089	0.277
15	0.064	0.086	0.323
16	0.091	0.089	0.191
17	0.09	0.092	0.268
18	0.079	0.145	0.381
19	0.12	0.167	0.225
20	0.105	0.303	0.546
21	0.09	0.111	0.362
22	0.13	0.262	0.371
23	0.106	0.364	0.576
24	0.092	0.187	0.304
25	0.108	0.198	0.350
26	0.087	0.265	0.462
27	0.063	0.178	0.196

表6.3 ·试验结果（P·O42.5）

水泥土试块抗压强度/MPa			
编号 \ 龄期/d	7	14	28
1	1.497	3.172	3.634
2	2.107	3.785	4.246
3	1.421	2.094	2.247
4	3.304	5.406	6.182
5	4.237	6.067	7.076

编号	龄期/d	7	14	28
	水泥土试块抗压强度/MPa			
6		2.957	4.807	6.051
7		6.459	7.647	8.130
8		6.766	7.975	8.264
9		5.209	7.404	7.895
10		2.973	4.979	4.996
11		1.791	3.040	3.978
12		0.242	1.406	2.409
13		2.555	3.843	4.384
14		1.485	2.000	2.653
15		0.313	1.885	2.581
16		0.460	0.876	1.028
17		0.895	3.054	4.215
18		0.349	2.069	2.882
19		0.931	1.565	2.324
20		1.778	3.300	4.064
21		1.254	2.324	2.751
22		2.447	3.584	4.094
23		3.329	5.665	6.046
24		3.129	4.573	5.166
25		2.636	3.988	4.779
26		5.547	6.332	6.728
27		5.024	5.790	6.221

6.3.2 结果分析

1. 有机质浸染砂与普通砂对比试验

试验前期进行了一组有机质浸染砂与普通砂对比的试验，测试有机质浸染砂与普通砂在工程性质上的差异，水泥选用的是复合硅酸盐水泥（P·C32.5）。

由图 6.1 中可知，普通砂的水泥掺入比虽然只有 10%，但是其抗压强度明显高于有机质浸染砂；有机质浸染砂水泥掺入比为 20% 的抗压强度比水泥掺入比为 10% 的要高。

上述试验结果显示有机质浸染砂较普通砂抗压强度较低，有机质浸染砂抗

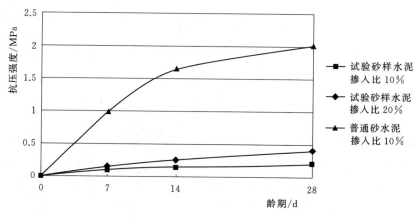

图 6.1 试验砂与普通砂对比试验

压强度会随着水泥掺入比和龄期的增加而增加，但是增加的幅度较小；同时也证实了本文前面对有机质浸染砂的研究，有机质的存在影响了水泥与砂体的水化反应，降低抗压强度，有机质浸染砂的存在会给实际工程产生困难和影响。

2. 水泥种类的影响

本组试验均匀的选取了掺和料种类、水泥掺入比和水灰比等因素，分析水泥种类对有机质浸染砂抗压强度的影响，并找出影响规律。

由图 6.2 可知，当其他影响因素均匀分布时，P·O42.5 三组试验有机质浸染砂抗压强度明显高于 P·C32.5 三组试验。海南市场上目前常用的水泥就是 P·C32.5 和 P·O42.5 水泥，但是 P·O42.5 价格要比 P·C32.5 的高，后期在实际工程中，可结合有机质浸染砂所要达到的强度与价格，合理选择水泥。

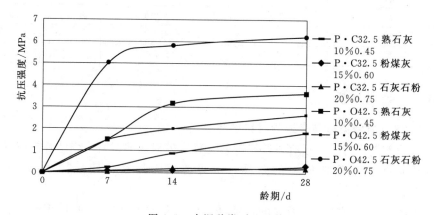

图 6.2 水泥种类对比试验

3. 掺和料种类的影响

本组试验是基于 P·C32.5 和 P·O42.5 水泥分别进行试验的。本试验均匀地控制了水泥掺入比和水灰比的影响，分别分析熟石灰、粉煤灰和石灰石粉对两组试验结果的影响，找出针对不同种类水泥最合适的掺和料。

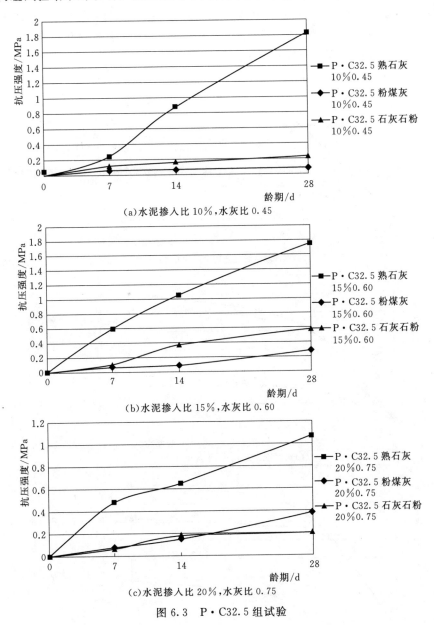

（a）水泥掺入比 10%，水灰比 0.45

（b）水泥掺入比 15%，水灰比 0.60

（c）水泥掺入比 20%，水灰比 0.75

图 6.3　P・C32.5 组试验

由图 6.3 和图 6.4 可知，当水泥掺入比和水灰比影响因素均匀分布时，P・C32.5 和 P・O42.5 两组试验中，熟石灰对试验结果的影响效果明显高于粉煤灰和石灰石粉。有机质浸染砂颗粒中所携带的腐殖酸本身的羧基、酚基、烃基容易发生解离，其中的氨基容易发生质子化，这样氢离子（H⁺）就会被电离出来，使有机质浸染砂浸泡液呈弱酸性，根据 pH 计测定浸泡砂样后的蒸馏水溶液呈弱酸性（6.21）。而在掺和料中，熟石灰的碱性最高，熟石灰中的 OH^- 可以中和砂样中的 H^+，降低了有机质的存在对水泥水化作用的影响，使水泥土的强度提高，所以熟石灰的效果最为明显。

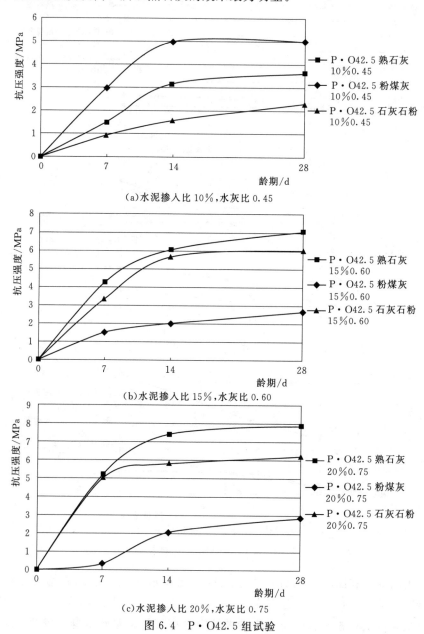

(a)水泥掺入比 10%，水灰比 0.45

(b)水泥掺入比 15%，水灰比 0.60

(c)水泥掺入比 20%，水灰比 0.75

图 6.4　P·O42.5 组试验

在 P·C32.5 组试验中，熟石灰的效果最好，石灰石粉次之，粉煤灰最低；在 P·O42.5 组试验中，当水泥掺入比较低时（10%），粉煤灰的效果最好，然后是熟石灰，最后是石灰石粉，由于水泥含量较低，掺入粉煤灰有替代水泥的效果，所以粉煤灰产生的效果最好，但是，水泥含量较高时（15%、20%），熟石灰的效果最好，石灰石粉次之，粉煤灰最差。

整体看来，P·O42.5 组试验前期强度较高，强度增长较快，后期增长较慢，趋于稳定，P·C32.5 组试验强度后期增长也较快，熟石灰更为明显。总的来说，对于 P·C32.5 和 P·O42.5 两组试验，熟石灰的效果都是最好的。

4. 水泥掺入比的影响

本组试验是基于 P·C32.5 和 P·O42.5 水泥分别进行试验，试验均匀的控制掺和料种类和水灰比的影响，分析水泥掺入比分别为 10%、15% 和 20% 时对试验结果的影响，找出针对不同种类水泥的最优水泥掺入比。

由图 6.5 和图 6.6 可知，当掺和料种类和水灰比影响因素均匀分布时，在 P·C32.5 和 P·O42.5 两组试验中，有机质浸染砂水泥土抗压强度随着水泥掺入比的增加而增加，水泥掺入比为 20% 的效果最好，15% 次之，10% 强度

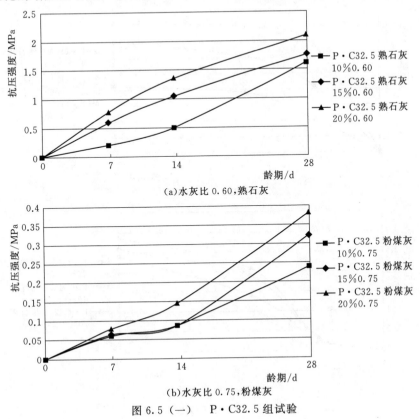

(a)水灰比 0.60,熟石灰

(b)水灰比 0.75,粉煤灰

图 6.5（一）　P·C32.5 组试验

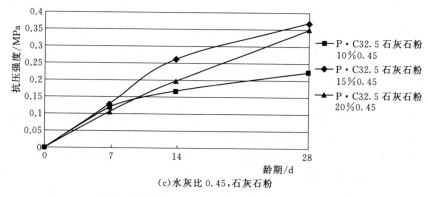

（c）水灰比 0.45，石灰石粉

图 6.5（二）　　P·C32.5 组试验

最低。水泥含量越大，水泥颗粒与砂体颗粒接触得越多，促使水化反应进行的越充分、全面，水泥土抗压强度越大。当水泥掺入比从 10％增加到 15％时，抗压强度增长较快；当水泥掺入比从 15％增加到 20％时，抗压强度增长幅度较小，掺入石灰石粉的试验这种现象更为明显。

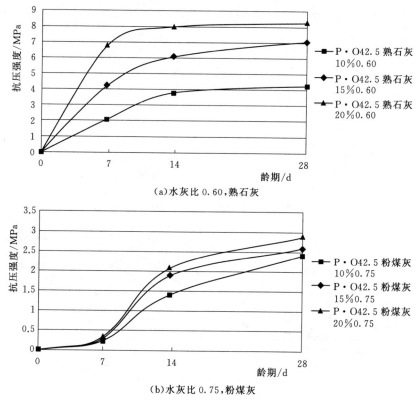

（a）水灰比 0.60，熟石灰

（b）水灰比 0.75，粉煤灰

图 6.6（一）　　P·O42.5 组试验

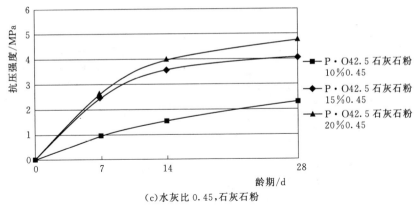

(c)水灰比 0.45,石灰石粉

图 6.6（二）　P・O42.5 组试验

整体看来，P・C32.5 和 P・O42.5 两组试验水泥土抗压强度均随着龄期的增加而增加，其中 P・C32.5 组试验强度增长速度较为稳定，P・O42.5 组试验前期强度增长较快，后期增长幅度较小，趋于稳定。分析发现，掺入粉煤灰和石灰石粉的试验前期抗压强度随着水泥掺入比的变化而变化不大，后期有明显变化。总体来说，对于 P・C32.5 和 P・O42.5 两组试验，水泥掺入比为 20％时强度最大。

5. 水灰比的影响

本组试验是基于 P・C32.5 和 P・O42.5 水泥分别进行试验，试验均匀的控制掺和料种类和水泥掺入比的影响，分析水灰比分别为 0.45、0.60 和 0.75 时对试验结果的影响，找出针对不同种类水泥的最优水灰比。

由图 6.7、图 6.8 可知，当掺和料种类和水泥掺入比影响因素均匀分布时，在 P・C32.5 和 P・O42.5 两组试验中，有机质浸染砂水泥土抗压强度随着水灰比的变化而变化不明显，但是对于掺加不同种类的掺和料，水灰比对试验结果产生一定的规律。掺加熟石灰的 P・C32.5 和 P・O42.5 两组试验中，最优的水灰比为 0.45～0.60；掺加粉煤灰和石灰石粉的最优的水灰比为 0.60～0.75。

P・C32.5 和 P・O42.5 两组试验水泥土抗压强度均随着龄期的增加而增加，其中 P・C32.5 组试验强度增长速度较为稳定，掺加粉煤灰和石灰石粉的试验中水泥土早期抗压强度随水灰比的变化而差异不大，P・O42.5 组试验前期强度增长较快，后期增长幅度较小，趋于稳定。总体来说，对于 P・C32.5 和 P・O42.5 两组试验，掺加熟石灰的水泥土抗压强度比掺加粉煤灰和石灰石粉的高，掺加熟石灰的最优的水灰比为 0.45～0.60，掺加粉煤灰和石灰石粉的最优的水灰比为 0.60～0.75。

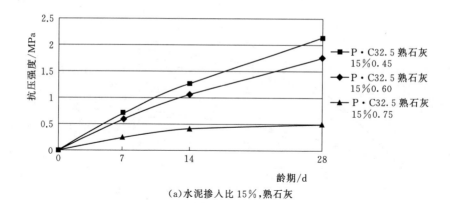

(a)水泥掺入比 15%,熟石灰

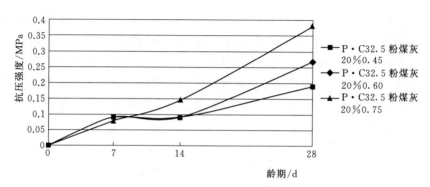

(b)水泥掺入比 20%,粉煤灰

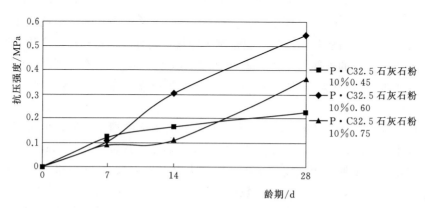

(c)水泥掺入比 10%,石灰石粉

图 6.7　P·C32.5 组试验

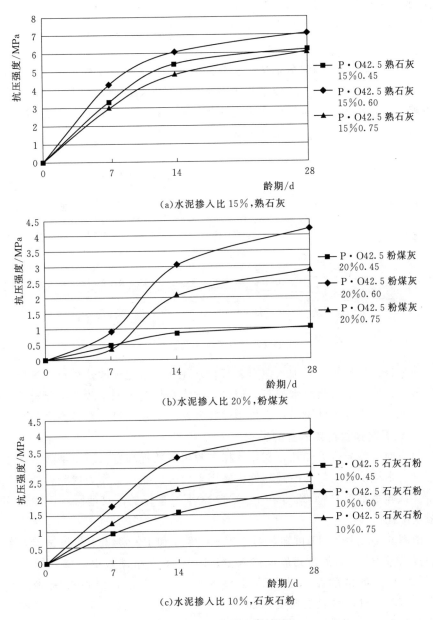

(a)水泥掺入比 15%,熟石灰

(b)水泥掺入比 20%,粉煤灰

(c)水泥掺入比 10%,石灰石粉

图 6.8 P·O42.5 组试验

6. 熟石灰替代试验

根据前面的试验结果分析可知:掺加熟石灰可以明显提高水泥土抗压强度,由于熟石灰的碱性可以中和有机质浸染砂中腐殖酸的酸性,减小有机质的影响,使水泥的水化反应进行的更加充分、全面。本组试验均匀的控制其他影响因素，分析熟石灰是否可以替代水泥作为主要改性材料提高有机质浸染砂水泥土的强度。试验中水泥选用的是 P・C32.5 水泥，其他影响因素选用的是最优配比。

由图 6.9 可知，当只分别加入复合硅酸盐水泥和熟石灰作为改性材料而不加入其他掺和料时，有机质浸染砂水泥土抗压强度均较低，其中，熟石灰组的强度略高于水泥组；当水泥作为主要改性材料，掺入少量熟石灰作为辅助材料时，有机质浸染砂水泥土抗压强度普遍提高至数倍。

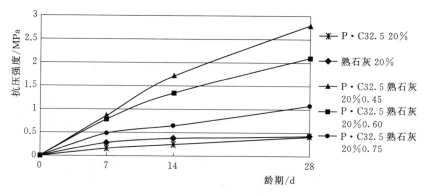

图 6.9　熟石灰替代试验

由分析结果可知，只加入熟石灰替代水泥作为水泥土改性材料，试验效果不明显，且熟石灰价格较水泥高。但是，把水泥作为水泥土改性主要材料，同时掺加熟石灰作为辅助材料，有机质浸染砂水泥土强度可以明显提高。

7. 熟石灰掺和料掺入量的影响

由前面试验分析可知熟石灰作为掺和料可有效提高有机质浸染砂水泥土抗压强度。本组试验均匀的控制其他影响因素，分析熟石灰作为掺和料的最优掺入量。试验是基于 P・C32.5 和 P・O42.5 水泥进行的，其他影响因素选用的是最优配比。

由图 6.10、图 6.11 可知，对于 P・C32.5 和 P・O42.5 两组试验，熟石灰的掺入量为 7.5％都是其最优掺入量。P・C32.5 组试验中，掺入量为 5％、7.5％和 10％的试验结果明显高于掺入量为 2.5％的，当熟石灰掺入量为2.5％～7.5％时，水泥土强度增加；当熟石灰掺入量为 7.5％～10％时，水泥土强度减小；当熟石灰掺入量为 5％～10％时，水泥土强度变化不明显。P・O42.5 组试验中，当熟石灰掺入量为 2.5％～7.5％时，水泥土强度增加；当熟石灰掺入量为 7.5％～10％时，水泥土强度减小；当熟石灰掺入量为 2.5％～10％时，水泥土强度变化不大。综上，对于 P・C32.5 和P・O42.5水泥，熟石灰作为掺和料的最优掺入量都是 7.5％。

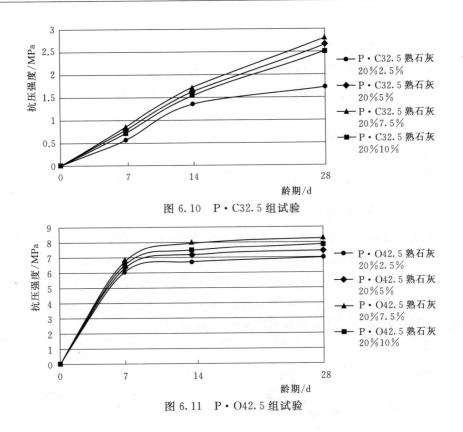

图 6.10 P·C32.5 组试验

图 6.11 P·O42.5 组试验

6.4 单轴应力-应变关系

6.4.1 单轴应力-应变全曲线特征

根据对无侧限抗压强度试验研究可知，完整、典型的有机质改性砂试样的

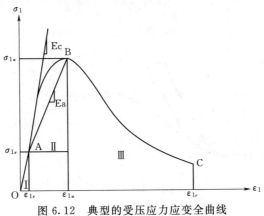

图 6.12 典型的受压应力应变全曲线

单轴受压应力-应变曲线特征可如上图所示，曲线可分为 OA、AB、BC 3 个阶段以及分别对应的Ⅰ、Ⅱ、Ⅲ 3 个区域。

第一阶段（OA 段），此阶段的应力与应变之间呈直线关系，即为应力-应变曲线的初始直线段，此阶段内改性砂试块发生弹性变形。

第二阶段（AB 段），此阶段的应力与应变之间呈非线性关系，此阶段内改性砂试块发生塑性变形。

第三阶段（BC 段），此阶段的应力与应变之间呈非线性下降段的趋势，此阶段内改性砂试块表面产生裂缝并逐渐贯通全截面，直至破坏。

6.4.2　单轴应力-应变关系曲线

有机质浸染砂改性水泥土无侧限抗压强度试验应力应变曲线以 P·C32.5 和 P·O42.5 水泥分两组绘制，开始分析掺和料种类与应力-应变关系，由试验结果可知，熟石灰的效果是最明显的，然后将掺和料种类熟石灰固定，依次分析水泥掺入比、水灰比、龄期与应力-应变关系，最后分析熟石灰的掺和料掺入比与应力-应变关系，具体见图 6.13～图 6.17。

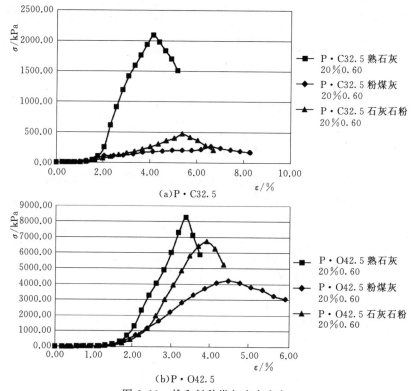

图 6.13　掺和料种类与应力应变

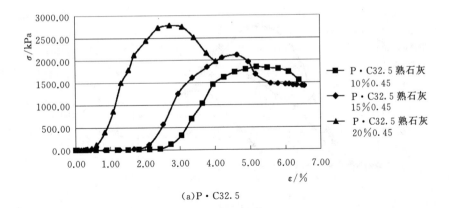

(a)P·C32.5

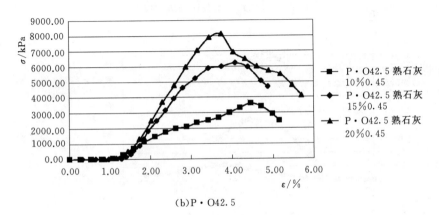

(b)P·O42.5

图 6.14　水泥掺入比与应力应变

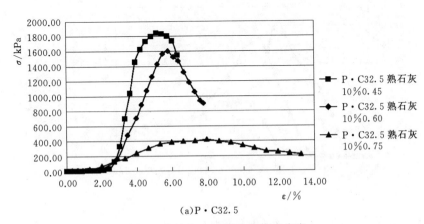

(a)P·C32.5

图 6.15 （一）　水灰比与应力应变

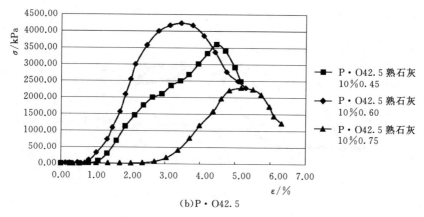

(b)P・O42.5

图 6.15 （二）　水灰比与应力应变

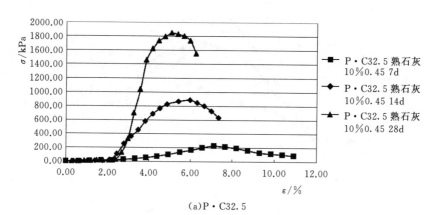

(a)P・C32.5

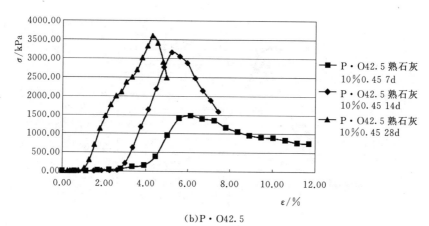

(b)P・O42.5

图 6.16　龄期与应力应变

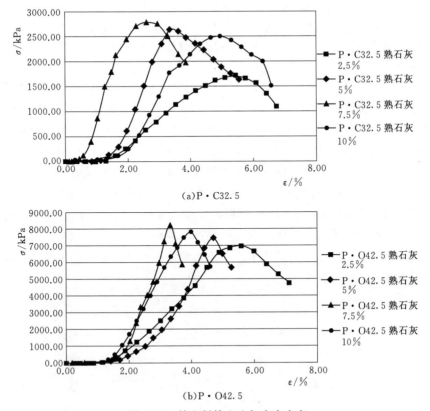

(a)P·C32.5

(b)P·O42.5

图 6.17　掺和料掺入比与应力应变

从图 6.12～图 6.17 可知，有机质浸染砂改性水泥土的强度越高，破坏时的应变相对越小；强度越低，破坏时的应变相对越大。

在无侧限抗压强度试验中，试样的破坏形式一般有两种：①脆性剪切破坏，破坏时，试样有明显的倾斜破坏面，试样的竖向变形较小；②塑性剪切破坏，破坏时，试样呈鼓状，没有明显的破坏面，此时试样竖向变形较大。

通过前面的应力应变曲线分析，发现强度高的试样，破坏时的破坏形式一般为脆性剪切破坏，试块表面有明显的倾斜破坏面，竖向变形较小，相反，对于强度低的试样，破坏时的破坏形式一般为塑性剪切破坏，试样呈鼓状，没有明显的破坏面，竖向变形较大。

6.5　本章小结

本章基于 P·C32.5 水泥与 P·O42.5 水泥，以掺和料种类、水泥掺入比、水灰比和掺和料掺入量为影响因素进行有机质浸染砂室内改性试验，以试块

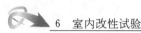
7d、14d 和 28d 抗压强度为试验目标考察指标，并对试验结果计算绘图，全面分析水泥品种、掺和料种类、水泥掺入比、水灰比和掺和料掺入比等对水泥土抗压强度的影响，并对水泥土试样单轴应力应变关系也进行了绘图分析。通过试验研究，主要得出了以下结论。

（1）室内改性试验的两组（P·C32.5 和 P·O42.5 水泥）有机质浸染砂水泥土无侧限抗压试验的试验结果与前一章的正交试验结果一致：P·O42.5组试验强度明显高于 P·C32.5 组；掺和料种类的影响效果最明显，其中，熟石灰最好，石灰石粉次之，粉煤灰最差；水泥掺入比越大，抗压强度越高，但是增长幅度减小；水灰比的影响效果不明显，掺加熟石灰的试验中，最优的水灰比为 0.45～0.60；熟石灰作为掺和料的最优掺入量都是 7.5%。

（2）通过单轴应力-应变曲线分析，发现强度高的试样，破坏时的破坏形式一般为脆性剪切破坏，试块表面有明显的倾斜破坏面，应变较小，相反，对于强度低的试样，破坏时的破坏形式一般为塑性剪切破坏，试样呈鼓状，没有明显的破坏面，应变较大。

7 水泥土强度预测研究

7.1 概述

我国海湾地区有很好的发展前景和趋势，将会有大量的工程项目，而大多数工程项目都会面临工期紧、成本低的问题，这就对有机质浸染砂水泥土强度预测的研究产生了迫切的需求。

本章基于有机质浸染砂室内改性试验结果，以熟石灰为掺和料（掺入比为水泥用量的 7.5%），系统分析水泥掺入比和水灰比对 P·C32.5 与 P·O42.5 两组试验水泥土抗压强度的影响，建立有机质浸染砂水泥土 28d 无侧限抗压强度公式。

公式的建立具有以下几点重要的意义：①可以根据不同的水泥掺入量和不同的水灰比预测有机质浸染砂水泥土的 28d 无侧限抗压强度，减少了试验的试验周期和数量；②在实际项目中，可以通过强度预测公式，调试、选择合适的水泥掺入比和水灰比，满足工程中水泥土所需要达到的强度。有机质浸染砂水泥土强度预测公式的建立，大大缩短了试验周期，节省了工程成本，为地基处理、加固工程、堤防加固工程、填海工程和道路工程等提供了理论根据。

7.2 基于 MATLAB 建立强度预测公式

7.2.1 MATLAB 简介

MATLAB 是 Matrix 与 Laboratory 两个单词的组合，是"矩阵实验室"的意思。MATLAB 是当今世界一流的科学计算软件，在任何领域都得到了广泛的应用。MATLAB 软件为人们提供了一个数值计算的平台，大量的函数和矩阵被置于软件内，它将可视化与高性能的数值计算集成在一起，从而可以方便地进行复杂计算，并且效率很高。MATLAB 还提供可选的工具箱，可以解决信号处理与通讯、工程计算、图像处理和控制设计等方面的问题。MATLAB 具有其独有的特点：可扩展性、易学易用性和高效性。

7.2.2 强度预测公式的建立

通过本文前面的室内改性试验研究发现熟石灰作为掺和料作用效果明显，且其最优掺入比为水泥用量的 7.5%，以熟石灰为掺和料（掺入量取最优掺入比），分析水泥掺入比和水灰比对水泥土抗压强度的影响，分别以 P·C32.5 水泥与 P·O42.5 水泥建立两组强度预测公式。

1. P·C32.5 组强度预测公式

（1）编写程序代码。通过对 MATLAB 软件 Fig. 函数的学习，并与室内改性试验结果相结合，编写 MATLAB 程序代码如下：

A=[0.10 0.45 1.834;0.10 0.6 1.617;0.10 0.75 0.390;0.15 0.45 2.140;0.15 0.6 1.759;0.15 0.75 0.502;0.20 0.45 2.790;0.20 0.6 2.094;0.20 0.75 1.070]

$x=A(:,1);y=A(:,2);z=A(:,3);$

scatter$(x,y,5,z)$%散点图

Fig.

$[x,y,z]=$griddata$(x,y,z,$linspace$(\min(x),\max(x))',$linspace$(\min(y),\max(y))',$'v4'$);$%插值

pcolor$(x,y,z);$shading interp%伪彩色图

Fig.,contourf(x,y,z)%等高线图

Fig.,surf(x,y,z)%三维曲面

（2）绘制三维曲面图，见图 7.7～图 7.10。

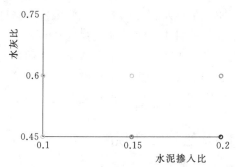

图 7.1　因素水平散点图

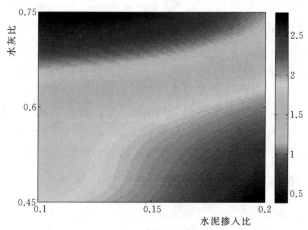

图 7.2　二维图

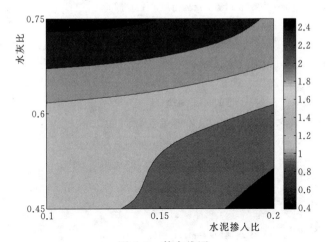

图 7.3　等高线图

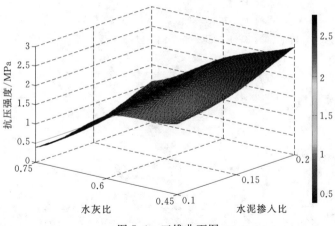

图 7.4　三维曲面图

（3）建立强度预测公式。根据学习 MATLAB 软件，利用 Surface Fitting Tool 工具，对室内改性试验结果和上面绘制的三维曲面图进行拟合，见图 7.5 和图 7.6，建立强度预测公式，结果如下。

强度预测公式是利用 polynomial 函数拟合的 2 元 5 次多项式。

Linear model Poly55：

$f(x,y)=$ p00+p10 $*x$+p01 $*y$+p20 $*x^2$+p11 $*x*y$+p02 $*y^2$+p30 $*x^3$+p21 $*x^2*y$+ p12 $*x*y^2$+p03 $*y^3$+p40 $*x^4$+p31 $*x^3*y$+p22 $*x^2*y^2$+p13 $*x*y^3$+p04 $*y^4$+p50 $*$ x^5+p41 $*x^4*y$+p32 $*x^3*y^2$+p23 $*x^2*y^3$+p14 $*x*y^4$+p05 $*y^5$

Coefficients（with 95% confidence bounds）：

　　　p00＝　　　　224.8（221.4,228.2）

p10＝　　　　−1287 (−1325,−1249)

p01＝　　　　−1454 (−1479,−1429)

p20＝　　　　2962 (2605,3319)

p11＝　　　　7232 (7101,7364)

p02＝　　　　3523 (3445,3601)

p30＝　　　　−4990 (−7039,−2941)

p21＝−1.066e+004 (−1.125e+004,−1.006e+004)

p12＝−1.544e+004 (−1.568e+004,−1.52e+004)

p03＝　　　　−3712 (−3838,−3586)

p40＝　　　　−1023 (−7383,5338)

p31＝　2.223e+004 (2.051e+004,2.394e+004)

p22＝　　　　7166 (6582,7750)

p13＝　1.596e+004 (1.573e+004,1.618e+004)

p04＝　　　　1280 (1177,1383)

p50＝　　　　62.88 (−8194,8319)

p41＝　　　　−6384 (−8776,−3991)

p32＝−1.495e+004 (−1.573e+004,−1.417e+004)

p23＝　　　　982.7 (723.4,1242)

p14＝　　　　−6769 (−6858,−6681)

p05＝　　　　188.2 (154.3,222.2)

Goodness of fit：

　SSE：0.2787

　R-square：0.9999

　Adjusted R-square：0.9999

　RMSE：0.005285

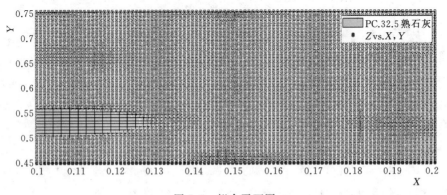

图7.5　拟合平面图

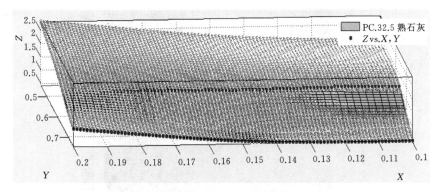

图 7.6 拟合曲面图

由上面拟合结果可知：SSE（误差平方和）等于 0.2787，R-square（复相关系数）和 Adjusted R-square（调整自由度复相关系数）均高达 0.9999，RMSE（均方根误差）等于 0.005285。当 SSE 和 RMSE 越小，R-square 越接近于 1 时，表明拟合的越好，由此可知，上面建立的强度预测公式拟合的程度很好。

2. P·O42.5 组强度预测公式

（1）编写程序代码。P·O42.5 组试验编写 MATLAB 程序代码如下。

A＝[0.10 0.45 3.634;0.10 0.6 4.246;0.10 0.75 2.247;0.15 0.45 6.182;0.15 0.6 7.076;0.15 0.75 6.051;0.20 0.45 8.130;0.20 0.6 8.264;0.20 0.75 7.895]

x＝A(:,1);y＝A(:,2);z＝A(:,3);

scatter(x,y,5,z)%散点图

Fig.

[x,y,z]＝griddata(x,y,z,linspace(min(x),max(x))′,linspace(min(y),max(y)),′v4′);%插值

pcolor(x,y,z);shading interp%伪彩色图

Fig.,contourf(x,y,z)%等高线图

Fig.,surf(x,y,z)%三维曲面

（2）绘制三维曲面图，见图 7.7～图 7.10。

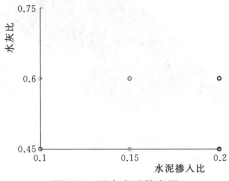

图 7.7 因素水平散点图

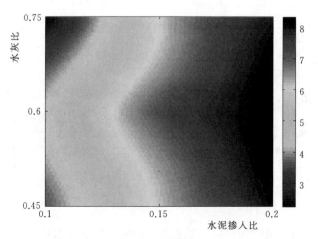

图 7.8 二维图

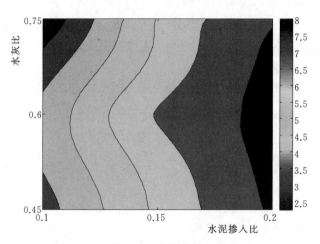

图 7.9 等高线图

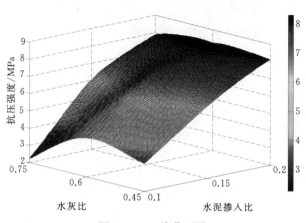

图 7.10 三维曲面图

（3）建立强度预测公式。利用 Surface Fitting Tool 工具进行拟合，见图 7.11 和图 7.12，建立强度预测公式，结果如下。

强度预测公式是利用 polynomial 函数拟合的 2 元 5 次多项式。

Linear model Poly55：

$f(x,y)=p00+p10*x+p01*y+p20*x^2+p11*x*y+p02*y^2+p30*x^3+p21*x^2*y+p12*x*y^2+p03*y^3+p40*x^4+p31*x^3*y+p22*x^2*y^2+p13*x*y^3+p04*y^4+p50*x^5+p41*x^4*y+p32*x^3*y^2+p23*x^2*y^3+p14*x*y^4+p05*y^5$

Coefficients (with 95% confidence bounds)：

$p00=$ 852.4 (819.3,885.5)

$p10=$ -4940 $(-5307,-4573)$

$p01=$ -5763 $(-6004,-5522)$

$p20=$ 8533 (5079,1.199e+004)

$p11=$ 2.932e+004 (2.805e+004,3.059e+004)

$p02=$ 1.478e+004 (1.403e+004,1.554e+004)

$p30=$ 1.335e+004 $(-6478,3.317e+004)$

$p21=-4.579e+004$ $(-5.156e+004,-4.003e+004)$

$p12=$ $-6.33e+004$ $(-6.563e+004,-6.096e+004)$

$p03=$ $-1.75e+004$ $(-1.871e+004,-1.628e+004)$

$p40=-5.219e+004$ $(-1.137e+005,9343)$

$p31=$ $-2.29e+004$ $(-3.947e+004,-6321)$

$p22=$ 8.353e+004 (7.788e+004,8.917e+004)

$p13=$ 5.738e+004 (5.519e+004,5.958e+004)

$p04=$ 9131 (8136,1.013e+004)

$p50=$ -317.1 $(-8.019e+004,7.956e+004)$

$p41=$ 1.412e+005 (1.18e+005,1.643e+005)

$p32=$ $-5.31e+004$ $(-6.062e+004,-4.557e+004)$

$p23=$ $-3.25e+004$ $(-3.501e+004,-2.999e+004)$

$p14=-1.986e+004$ $(-2.072e+004,-1.9e+004)$

$p05=$ -1407 $(-1735,-1078)$

Goodness of fit：

SSE：26.08

R-square：0.9986

Adjusted R-square：0.9986

RMSE：0.05113

由上面拟合结果可知：误差平方和等于 26.08，复相关系数和调整自由度复相关系数均高达 0.9986，均方根误差等于 0.05113。因为复相关系数和调整自由度复相关系数均接近于 1，所以建立的强度预测公式拟合程度较好。

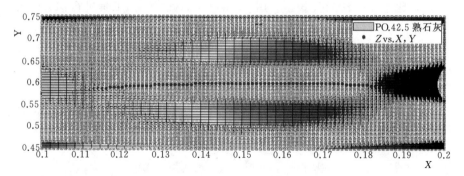

图 7.11 拟合平面图

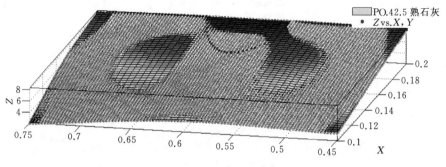

图 7.12 拟合曲面图

3. P·C32.5 与 P·O42.5 组强度预测公式对比分析

通过 MATLAB 软件对 P·C32.5 与 P·O42.5 组 28d 室内改性试验结果建立强度预测公式，两组公式均是利用 Surface Fitting Tool 工具 polynomial 函数拟合的 2 元 5 次多项式，其中 x 代表水泥掺入比，y 代表水灰比。

两组公式复相关系数和调整自由度复相关系数都高于 0.99，其中 P·C32.5 水泥试验组更高，复相关系数和调整自由度复相关系数高达 0.9999，确保了两组强度预测公式的建立的准确性。由于水灰比的影响在 P·C32.5 水泥试验组中较 P·O42.5 更为显著，所以整体看来，P·C32.5 试验组比 P·O42.5 的强度预测公式拟合的效果更好。

7.3 本章小结

本章通过对 MATLAB 软件的学习，利用 MATLAB 软件对前面的有机质浸染砂室内改性试验结果进行拟合分析，绘制了散点图、平面图和曲面图等，并且分别针对 P·C32.5 和 P·O42.5 水泥建立了其 28d 强度预测公式。

　　强度预测公式的建立为实际工程项目提供了理论支持和经验借鉴，可以通过水泥掺入比和水灰比两个影响因素预测 28d 的抗压强度，也可以为工程需要达到的强度调试出经济合理的水泥掺入比和水灰比，减少有关海湾相有机质浸染砂工程项目试验周期和数量，加快工程进度，节约成本。建立强度预测公式具有强烈的实际意义。

8 有机质浸染砂中新型成桩方式研究

8.1 概述

为了丰富并创新在有机质浸染砂中的地基处理技术，解决因这种砂的存在而产生的难以现场成桩、复合地基失效等问题，提出了"热加固桩""钢筋纤维水泥土桩""一种竹筋混凝土桩""一种竹筋水泥土搅拌桩""一种冻结水泥土搅拌桩""一种套管竹筋水泥土桩""冻结高压旋喷桩"和"冻结高压旋喷桩"这8项加固成桩技术，并申请了相应专利。

8.2 热加固桩

8.2.1 技术背景

目前，随着我国经济建设的高速发展，大规模的高速公路、高速铁路、市政工程、大型港口和机场工程等建设进入了新的快速发展时期。而我国沿海和内地湖泊地区存在大量的软弱土环境问题，在软土地基上修建以上构筑物对沉降变形提出了更高的要求，迫切需要开发新的优质高效的地基沉降控制技术。复合地基是目前国内外软土地基加固的主要方法，它包括柔性桩复合地基和刚性桩复合地基两大类。总体上讲，柔性桩技术优点是造价低且普及性广，但缺点是桩身强度低、加固深度有限且工后沉降控制较难，而刚性桩桩身强度高、加固深度大，但缺点是费用成本高，大面积推广投资大。因此如何吸收柔性桩和刚性桩两种技术的优点，克服其相应的缺点，研制开发出具有刚性桩的加固效果却仅有柔性桩的加固成本的新的优质桩型技术具有重要的工程意义。

众所周知，黏土砖瓦坯体经过加热焙烧后就会变成具有一定强度的建筑材料——砖和瓦。在加热过程中，原来的黏土坯体发生了一系列物理化学等质的变化，如发生矿物结构的变化，生成新的矿物；发生分解、化合、再结晶；发生扩散、烧结、熔融；发生颜色、容重、吸水率等变化。同样，在地下土体中加热至一定温度也能产生上述的物理化学变化，使土体特性改变、强度大大增加。这就是土体热加固的基本原理。

土体热加固是地基处理方法之一。在苏联、罗马尼亚、日本等国运用较多，并有一些工程实例。我国在 20 世纪 50 年代末及 60 年代初也曾作过一些工作，但后来处于停滞状态。热加固地基处理中，黏性土在持续高温加热下，黏土矿物发生再结晶，强度可达 5MPa 以上，并具水稳定性；黄土的湿陷性也可消除；膨胀土的胀缩性也基本消失。在烧结体外的烘干区即干燥区，由于土中含水量大量被蒸发排出，其强度也有提高；经热加固后的地基抗震性能也有所提高。

土体热加固法特别适合于对已建成的建筑物湿陷性事故的地基处理，它具有施工速度快、效果好和无污染等优点。但因其主要热源是用火焙烧，存在以下 4 大缺点：①最大允许加固深度不够；②加固形状不理想；③热效率差；④安全性不够。因此在我国并未能得到广泛运用。

8.2.2 热加固桩构造

为克服上述现有技术的不足，作者提出一种热加固桩技术，该加固桩结构简单，控制方便，安全环保。

热加固桩，包括能够插入土体中的底部封闭的加热管，加热管外围为经加热管中通入的高温热媒介质加热所形成的砖质桩体，砖质桩体外围为烘干区；加热管中设置有与加热管内壁有间隙的供液管，供液管上部伸出至加热管外部，且加热管顶部与供液管外壁之间密封，加热管顶部侧面上设置有与加热管内腔相通的回液管。

热加固桩由 3 部分组成：①插入土体中的加热管；②加热管四周通过热循环所形成的砖质桩体；③砖质桩体外侧的烘干区，加热管、砖质桩体和烘干区一同组合形成热加固桩，见图 8.1。

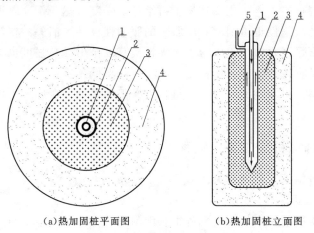

（a）热加固桩平面图　　（b）热加固桩立面图

图 8.1　热加固桩构造示意图

1—供液管；2—加热管；3—砖质桩体；4—烘干区；5—回液管

热加固桩，包括能够插入土体中的底部封闭的加热管，加热管外围为经加热管中的高温热媒介质加热所形成的砖质桩体，砖质桩体外围为烘干区；加热管中设置有与加热管内壁有间隙的供液管，供液管上部伸出至加热管外部，且加热管顶部与供液管外壁之间密封，加热管顶部侧面上设置有与加热管内腔相通的回液管。

供液管的外径小于加热管内径，能够使供液管中的液体流入到加热管中。供液管下端开口，且下端与加热管内腔的底部之间有间隙，方便供液管中的液体流出，充满整个加热管。供液管位于加热管中的中心位置，即供液管和加热管同轴。这样能使供液管中的流出的液体均匀均量处于加热管中，对加热管外围能够均匀加热，形成均匀的砖质桩体。

加热管底部呈锥形，便于将其插入地基土层中。供液管中通入的高温热媒介质温度为 600～900℃，高温热媒介质可以是导热油或其他高温导热介质。高温热媒介质导入后，可以使加热管外围的地层中的黏土坯体发生一系列物理化学等质的变化，使加热管周围土体特性改变、强度大大增加。

加热管、供液管和回液管材质均为熔点高于 1000℃ 的导热性能优良材料。例如铁质材料或其他合金材料。加热管截面形状为圆形、工字形、X 形、T 形或 Y 形。

通过在欲处理的地基土层中设置加热管，加热管中心部位放入供液管，同时在加热管头部设置回液管，高温热媒介质从供液管流入，经回液管流出，如此循环在地层中形成热加固桩。

在循环加热过程中，地层中的黏土坯体会发生一系列物理化学等质的变化，使加热管周围土体特性改变、强度大大增加。热加固桩形成过程中，黏性土在持续高温加热下，黏土矿物发生再结晶，强度可达 5MPa 以上，并具水稳定性；黄土的湿陷性也可消除；膨胀土的胀缩性也基本消失。在热加固桩外侧的烘干区即干燥区，由于土中含水量大量被蒸发排出，其强度也有提高；经热加固后的地基抗震性能也有所提高。本实用新型低噪音、无污染，不用水、碎石等建筑材料，也不用大型机械，桩长不受限制，可以在场地条件受限的情况下使用。

8.2.3　热加固桩施工工艺流程

热加固桩施工工艺流程见图 8.2。

1. 施工准备

（1）要求提前供水、供电到施工场地附近，并清理隧道及施工场地，保证施工通行顺畅。

（2）按不同位置的加热孔钻进要求，用 1.5″ 钢管搭建加热孔施工脚手架，安装钻孔施工平台。

（3）施工设备进场。由于现场对施工影响大，应合理安排施工设备运抵安装地点的时间顺序。

（4）合同签定后，开工前进行加工件加工。

2. 加热管钻孔施工

（1）依据施工基准点，按加热孔施工图布置加热孔。孔位偏差不应大于100mm。

（2）水平钻孔使用 MD - 60A 型钻机，垂直钻孔选用 GXY - 1 型钻机钻进。水平钻孔前要安装孔口管及孔口密封装置。当第一个孔开通后，没有涌水涌砂可继续钻进，但以后钻孔仍要装孔口装置，以防突发涌水涌砂现象出现；若涌水涌砂较厉害，还应注水泥浆（或双液浆）止水。

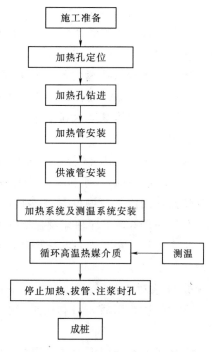

图 8.2 热加固桩施工工艺流程图

（3）为了保证钻进精度，开孔段是关键。钻进前 5m 时，要反复校核钻杆垂直度，调整钻机位置，并采用减压钻进，检测偏斜无问题后方可继续钻进。

（4）加热管下入孔内前要先配管，保证加热管同心度。焊接时，焊缝要饱满，保证加热管有足够强度，以免拔管时加热管断裂。下好加热管后，采用经纬仪灯光测斜法检测，然后复测冻结孔深度，并进行打压试漏。

（5）试压不合格的加热管必须进行处理达到密封要求后方可使用。可逐根提出孔内管，并用泥浆泵对逐个焊缝打压，找出泄漏焊缝及原因，及时处理，并作好记录，二次下入后仍须自检。

（6）在加热管内下入供液管。供液管底端连接 150mm 长的支架，Φ12 钢筋焊接。然后安装去、回路羊角和加热管端盖。

（7）加热管安装完毕后，用木塞等堵住管口，以免异物掉进加热管。

（8）测温孔施工方法与加热管相同。

3. 加热管加热施工

加热系统设备安装完毕后进行调试和试运转。在试运转时，要随时调节压力、温度等各状态参数，使机组在有关工艺规程和设计要求的技术参数条件下运行。

在加热管循环热媒介质过程中，每天检测热媒介质温度、流量和砖质桩体扩展情况，必要时调整加热系统运行参数。加热系统运转正常后进入积极加热阶段。

每天检测测温孔温度，并根据测温数据，分析砖质桩体的扩展速度和厚度，预计砖质桩体达到设计厚度时间。

实测砖质桩体厚度达到设计值后，即可拔管。

4. 拔管施工

水平加热管利用 48 号大牙钳转动加热管，用 2t 手拉葫芦拔出加热管（连同孔口管一起拔除）。手拉葫芦固定在搭设的脚手架上，加热管范围内的脚手架须特殊加固使其与槽壁紧密连接便于力的传递。上述方法不能拔出加热管时，利用两个 32t 千斤顶架设在槽壁上，水平向外顶推加热管。

垂直加热管用起管机起拔松动加热管，然后用起重机或卷扬机快速拔出已松动的加热管。

5. 注浆封孔

在加热管拔出后，可利用加热孔作为注浆孔向热加固桩内进行注浆压密封孔。

上述虽然结合附图对本实用新型的具体实施方式进行了描述，但并非对本实用新型保护范围的限制，所属领域技术人员应该明白，在本实用新型的技术方案的基础上，本领域技术人员不需要付出创造性劳动即可做出的各种修改或变形仍在本实用新型的保护范围以内。

8.3 钢筋纤维水泥土桩

8.3.1 技术背景

随着我国基础设施建设的不断发展，在软土地基上要建造大量的建筑工程、道路工程、水利工程等，由于软土具有孔隙比大、含水率高、沉降大等特点，必须对其进行地基处理。特别是在地基承载力及容许工后沉降量要求较高的涵洞、挡土墙等构造物基础以及桥头过渡段、新老路基拼接段的位置，软土地层处理难度大、要求高、工期紧，由于一般的传统地基处理方法虽然均能进行地基加固处理，但也有其自身的局限性。例如：①预压法施工工期长，对于工期紧张的工程难以实现工期目标；②换填法虽然施工简单，但是其处理的深度较浅，只能处理作为垫层的地基土面层，适应性较差；③强夯法虽然造价较低，主要适合处理较厚的软基，但是其施工对周围环境影响大；④水泥土搅拌桩法由于是柔性桩，承载力较小且成桩质量难以保证。如何找到一种新的加固效果好、处理深度深、工期短、质量便于控制、造价合理的地基处理方式，使之能够主要在对沉降稳定要求高的路堤软基加固工程中广泛应用，是目前亟待解决的关键问题。

目前在我国高速公路、铁路、市政、机场等工程中，桩式路堤已经成为一种普遍的地基处理方法，常用的路堤桩以水泥土搅拌桩等柔性桩和振动沉管灌注桩、预应力管桩等刚性桩为主。

对深厚软基进行直接处理和利用其他手段避开深厚软基缺陷的方法从应用原理方面可分为排水固结类、胶结类、桩土复合地基类、轻质填料类 4 大类。其中塑料排水板堆载预压法、砂井堆载预压法、袋装砂井堆载预压法施工时需严格控制填土速率，存在施工和预压期较长，工后沉降较大的缺陷，各种真空联合堆载预压法当有透水砂层时需设置防渗帷幕和密封套，增加了工程造价与施工工序，同时真空度的传递随深度递减很快。上述各种排水固结类方法中竖向排水体的设置如不管穿深厚软土层，则固结预压期较长，工后沉降也较大，如贯穿深厚软土层，则会增加工程造价。胶结类方法不适用于对水泥有严重侵蚀和地下水流速过大的地区，对超深厚软基处理效果不佳且对环境有一定的污染。在桩土复合地基类中能比较理想的解决深厚软基工后沉降的方法如混凝土管桩法、刚性桩法、长短桩法等都存在造价过高的缺陷。造价适中的 CFG 桩法、干振复合桩法对环境也有一定的污染。轻质填料类方法的主要优点是施工工期短，同时能节省工程用地，但是造价高昂，不适合大面积使用，同时软基未经处理，容许承载力未得到提高，工后沉降大，部分填料吸水性较强，易被水冲刷，需设于地下水位以上及设置密封层，也具有环境污染的副作用。

8.3.2 钢筋纤维水泥土桩构造

为克服上述现有技术的不足，作者提出一种钢筋纤维水泥土桩技术，该桩加固效果好、处理深度深、工期短、质量便于控制、造价合理，能够在对沉降稳定要求高的路堤软基加固工程中广泛应用，同时也可作为基坑开挖的围护结构。

钢筋纤维水泥土桩包括纤维水泥土桩体，在纤维水泥土桩体中沿其轴向设置有圆筒形钢筋笼，钢筋笼包括圆筒形骨架，骨架包括纵向设置的主筋和主筋外侧的螺旋箍筋，骨架外侧纵向设置有控制保护层厚度的若干根平行设置的定位筋，骨架上每隔 2～2.5m 设置加强筋一道。钢筋纤维水泥土桩的构造示意图见图 8.3。

钢筋纤维水泥土桩，包括纤维水泥土桩体，在纤维水泥土桩体中沿其轴向设置有钢筋笼，钢筋笼为圆筒形，钢筋笼包括圆筒形骨架，骨架包括纵向设置的主筋和主筋外侧的螺旋箍筋，骨架外侧纵向设置有控制保护层厚度的若干根平行设置的定位筋，骨架上每隔 2～2.5m 设置加强筋一道。加强筋的直径为14～18mm，该尺寸能够起到较好的加强作用，合理的尺寸能够有效减少材料

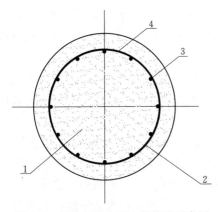

图 8.3 钢筋纤维水泥土桩构造示意图
1—纤维水泥土桩体；2—钢筋笼；
3—主筋；4—螺旋箍筋；5—导管

的使用，降低成本。定位筋应均匀对称地焊接在主筋外侧，能够起到较好的定位作用，方便钢筋笼的应用。主筋、螺旋箍筋、定位筋和加强筋均为钢筋。

骨架顶端两侧设置吊环，方便钢筋笼的起吊安放，有利于施工。钢筋的搭接处采用双面焊接，同一截面内钢筋接头面积百分率不应大于 50%，接头间距不小于 35d，d 为钢筋直径。螺旋箍筋搭接长度不小于 300mm。若干根主筋沿骨架圆周均匀平行布置，可以均匀受力，增大桩体强度。骨架与纤维水泥土桩体为同心圆结构，该种结构能够增加

桩体整体的稳定性和受力均匀性。骨架的半径大于纤维水泥土桩体半径的一半，使钢筋笼尽可能处于桩体中外半部分，有效增加钢筋笼的体积，增强桩体整体受力强度。

钢筋笼应按图纸尺寸要求以及吊装和钢筋单根定长确定下料长度，加强筋直径要准确，钢筋骨架一般每隔 2~2.5m 设置直径 14~18mm 的加强筋一道。螺旋箍筋要预先调直，螺旋形布置在主筋外侧。定位筋应均匀对称地焊接在主筋外侧。下钢筋笼前应对其进行质量检查，保证钢筋根数、位置、净距、保护层厚度等满足要求。

8.3.3 钢筋纤维水泥土桩施工工艺流程

8.3.3.1 施工工艺流程

施工准备→人工或机械成孔（根据土质条件而定）→吊入钢筋笼→下导管→浇灌纤维水泥土→成桩。整个施工流程见图 8.4。

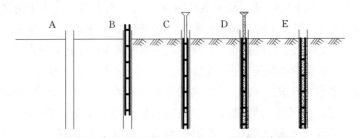

图 8.4 钢筋纤维水泥土桩施工顺序示意图
A—人工或机械成孔；B—吊入钢筋笼；C—下导管；D—浇灌纤维水泥土；E—成桩

8.3.3.2 正循环回转钻进成孔时为例

下面以采用正循环回转钻进成孔时为例，该成孔方式适用于黏性土层，流程见图 8.5。

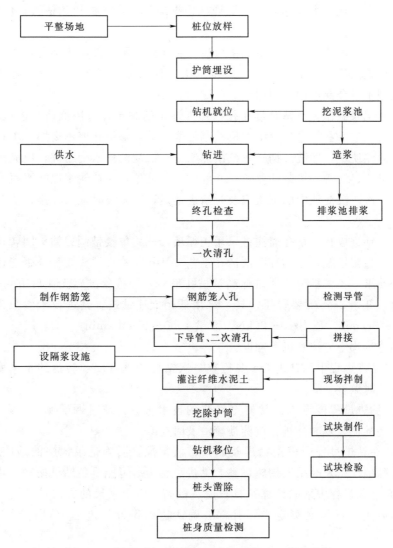

图 8.5 采用正循环回转钻进成孔时施工工艺流程图

1. 成孔施工

（1）定位放样。根据施工图纸，测量人员采用全站仪测量放点，精确放出各桩的中心位置，同时埋设桩中心的纵向、横向定位标志及护桩，经监理工程师确认无误后方可进行施工，施工中经常进行复测。

（2）护筒埋设。①护筒采用壁厚 4mm 钢护筒，内径大于钻头直径 100～

150mm，在护筒上端开设 1 个出浆口，规格为 40cm×40cm；②护筒高出施工平台 10～30cm，底部及周围用黏土回填，分层夯实校正桩位后用细线拉出桩中心十字线，并用红漆标记在护筒上，施工时要经常测量复核其准确性，护筒底标高应高于地下水位标高，护筒埋深根据地下水位、桩径和钻头长度确定，一般约 1.5m。

（3）钻机就位。对钻机下部垫层进行夯实后，再搭设施工平台，水平尺找平，钻机就位后必须平整、稳固。每班由工段长或班长检查（测）不少于 3 次，发现不符合要求的立即纠正。

（4）泥浆制作。开钻时可在孔内加入适量的黏土并采用低速、慢进造浆，然后正常钻进。在钻进过程中严格控制泥浆参数，保护孔壁不坍塌、缩径及保证桩的灌注质量。冲洗液循环系统由泥浆池、沉淀池排水槽组成，应满足钻进过程中沉渣、清渣、排浆的要求，并经常进行清理，保持泥浆性能，每班检测不少于 3 次。沉淀池中的沉渣应及时清理运走，废浆及时抽浆外排，或暂存废浆池。

（5）钻进成孔。钻孔灌注桩采用正循环，三翼单腰带刮刀钻头回转钻进成孔，原土造浆护壁，正循环两次清孔工艺。开孔前检查钻头直径是否能达到设计桩径要求，校核桩位、孔口标高及桩孔编号，经检验准确无误后方可开工。钻进时，开始 2～5m 要轻压慢转，采用低档低速钻进。钻进技术参数为：转速 40～70r/min，压力 10～20kN，泵量 1000～1500L/min。

钻进过程中应注意以下问题。

1）钻进过程中每钻进 3m 要检查一次钻杆的垂直度和转盘的水平度，发现超标及时调整。

2）钻进过程由专人经常测定泥浆的技术参数，及时调配泥浆，黏度大、含砂率高的泥浆及时外排，沉淀池废渣及时挖除。

3）在钻进过程中根据钻进及返浆带渣情况，明确记录地层的地质情况，若遇特殊地层则及时采取措施，整个钻进过程中尽可能避免钻机振动、移位。

4）终孔过程中采取计算钻具长度、机高、机上余尺的方法计算孔深，钻孔完毕后用测绳再次测定实际孔深，确认达到设计深度后方可进行下一步施工。

5）钻孔结束后，孔位、孔径、垂直度（倾斜率）可采用检孔器检验。检孔器采用外径为基桩钢筋笼直径加 35～40mm（但不得大于钻头直径），长度为 5 倍外径的自制钢筋笼。检验时先用卷扬机吊绳将检孔器吊入孔口，利用孔口护筒侧壁或顶面桩位十字线标记拉两根线绳，观察起吊绳中心十字线交叉中心的距离并作记录。检孔器每下落 5m 观测数据并记录，依次做全深度检查。

（6）清孔。

1）钻孔达到设计深度后，孔深、孔径等检查合格后进行清孔。清孔时应将钻具提离孔底50cm，大泵量清孔。

2）为保证桩的质量，在下入导管后，进行二次清孔，保持孔内泥浆相对密度1.03～1.10，含砂率小于2％，黏度17～20Pa·s，并确保灌注前的孔底沉渣厚度不大于0.2m。

2. 成桩施工

（1）钢筋笼制作。根据施工图纸分段制作，按照钢筋制作规范施行。搭接处采用双面焊接，搭接长度按照施工图纸执行，同一截面焊接根数不大于1/2，接头间距不小于35d。螺旋箍筋4搭接长度不小于300mm。按设计要求在骨架外侧设置控制保护层厚度的钢筋，骨架顶端两侧设置吊环。

（2）钢筋笼焊接及验收要求。制作好的钢筋笼经过验收后，要标明堆放，并做好防护，钢筋笼存放时应在加强筋内部加设十字钢筋支撑，防止钢筋笼失圆。以防止受潮生锈及变形。

（3）钢筋笼的安放。清孔结束后，尽快进行钢筋笼的吊装安设工作。钢筋笼安放前要再次对钢筋笼进行检查核对，确保钢筋笼符合设计及规范要求。

1）采用汽车吊吊装钢筋笼。

2）下放钢筋笼前，根据护筒标高，再次测量孔深，配备相应的枕木和压杆。

3）钢筋笼安放必须垂直对中，不碰孔壁，吊筋或压杆的横担不得压在护筒上及可能引起孔壁坍塌的范围内，应将压杆、横担支撑在枕木上。

4）钢筋笼定位采用压杆与钢筋笼相连接，根据护筒标高计算出地面标高后，把钢筋笼下放到位，将压杆固定在孔口横担上，以防止灌注混凝土时钢筋笼上浮或下移。

（4）安放导管。

1）导管采用ϕ250mm的钢管，导管间采用丝扣连接。接导管前先洗净连接头，连接必须紧密，严禁渗漏。导管每节长度一般3m左右，最下端一节长度不小于4m，并配置1m、0.5m等短管调节导管长度。

2）导管下放前在地面试压检查其连接的密封性，根据钻孔深度，试水压力一般不小于0.6～1.0MPa。

3）孔内居中下入导管，导管下端距离孔底约0.3～0.5m。

（5）纤维水泥土灌注。

1）在纤维水泥土灌注前，进行二次清孔，并测量孔底沉渣厚度。

2）按照施工配合比拌制纤维水泥土，并保证供应强度，确保在最先浇筑的纤维水泥土初凝前浇筑完毕。

3）首批灌注纤维水泥土的数量应满足导管首次埋置深度不小于 1.0m 和填充导管底部的需要。

4）灌注过程中，导管埋置深度控制在不小于 2.0m，防止拔管过多造成断桩或夹层。灌注时专人负责检查记录，随时观察管内纤维水泥土下降及孔口返水情况。及时测量孔内纤维水泥土上升高度，提升和分段拆除上部导管，拆除导管需经技术员或施工队长检查无误后方可进行。提升导管不得左右移动，保证有次序地拔管和连续浇筑纤维水泥土直到整桩完毕。

5）首批纤维水泥土灌注后，桩孔纤维水泥土面高出钢筋笼底部 1m 时，降低纤维水泥土的灌注速度。当纤维水泥土上升到骨架底口 4m 以上时，提升导管，使导管底口高于骨架底部 2m 时，恢复正常灌注速度。

6）当灌注接近桩顶时，应及时量测桩顶标高，使灌注桩的桩顶标高比设计标高高出 50～100cm，纤维水泥土灌注过程中，用重锤或测杆检查桩顶标高。纤维水泥土面返到超灌长度的标高后，拔管时将导管上下缓慢活动，使纤维水泥土面口慢慢弥合，防止拔管过快造成泥浆混入，出现桩头渗水等质量缺陷。

7）在灌注过程中或将近结束时，核对纤维水泥土的灌入数量，以确定所测纤维水泥土的灌注高度的准确性。灌注结束后，整理、冲洗现场，清洗导管及工器具，护筒在灌注完毕后提起。

（6）清理桩头、成桩检测。

为确保桩顶质量，桩顶纤维水泥土面标高宜高于设计标高 50～100cm。在纤维水泥土灌注结束后，保留 10～20cm 待纤维水泥土强度达到设计强度的 70％以上后进行凿除，并报请检测部门对桩身质量进行检测。

（7）特殊情况处理。

1）预防断桩、夹泥、缩径，减少泥皮厚度的措施。

①灌注过程中随时测定纤维水泥土面高度，保证导管埋深在 2～6m 范围内；②导管内壁必须光滑顺畅，不得有结块纤维水泥土或其他物品粘附在管内壁；③使用好的泥浆，保证泥浆的质量，快速成孔，减少清孔至灌注纤维水泥土的时间间隔。灌注前洗孔：泥浆比重、黏度、含砂量、孔底沉渣满足要求指标；④钻进中产生的泥浆黏度、比重等始终保持设定的允许范围内，随时清挖排除废渣废液，若有超标时应及时稀释，应先清洗后稀释；⑤纤维水泥土灌注至距顶部 3m 时，向孔内放水稀释泥浆或将导管在纤维水泥土的埋深减为 1.0m，以减少纤维水泥土排除泥浆的阻力，防止桩顶产生瓶颈现象；⑥钢筋笼下到设计标高及防止上浮下沉措施：防止钢筋笼的上浮和下沉，除采用刚性大的压杆外，当灌注纤维水泥土返至钢筋笼底部以上 1m 左右时，适当放慢灌注速度，待纤维水泥土面超过钢筋笼底部 3～4m，再保持正常灌注速度。

2）处理断桩措施。在灌注过程中，如因故把导管下口提出纤维水泥土面，或停灌，即会产生断桩，则可采取如下抢救措施：

①当灌注纤维水泥土量少、埋笼浅或未埋笼时，将笼拔出，重新下钻扫孔，用反循环钻机把孔内纤维水泥土扫开，吸出孔内砂、石及其携带的沉淀。孔深满足要求后重新下笼、下导管进行二次清孔，重新灌注纤维水泥土；②在灌注的后期，可将导管拔出并进行清洗，然后加装底盖阀并将导管及料斗内灌满纤维水泥土后再插入孔内纤维水泥土面1～2m以下，然后剪断底盖阀的吊绳并提起导管（约0.5m），使纤维水泥土排出，并继续灌注至要求的高度。

上述虽然结合附图对本实用新型的具体实施方式进行了描述，但并非对本实用新型保护范围的限制，所属领域技术人员应该明白，在本实用新型的技术方案的基础上，本领域技术人员不需要付出创造性劳动即可做出的各种修改或变形仍在本实用新型的保护范围以内。

8.4 竹筋混凝土桩

8.4.1 技术背景

近年来，随着地下工程的大量建设，机械化施工程度不断提高，新技术、新工艺陆续被国内众多工程所采用。本技术是一种竹筋混凝土桩，与钢筋混凝土桩相似，不同的是用竹筋代替了钢筋。本技术主要应用在地质条件较好的盾构进出洞端头土体加固工程中，易挖除性与经济性是竹筋混凝土桩优于其他加固方式的主要特点，使之适用于TBM、盾构等机械化施工而不会损坏刀具。

竹筋混凝土桩具有以下特点：易挖除性、经济性、临时性。

竹筋混凝土桩主要应用在地质条件较好的盾构进出洞施工端头土体加固工程中，或者可以应用在临时支护工程中。

竹筋混凝土桩可以大大降低盾构隧道端头土体加固施工的成本，可使本技术在盾构隧道端头土体加固施工中得到推广与应用。

8.4.2 竹筋混凝土桩构造

竹筋混凝土桩，与钢筋混凝土桩相似，不同的是用竹筋代替了钢筋。竹筋混凝土桩由两大部分组成：第一部分为ϕ1200mm钻孔灌注桩或人工挖孔桩施工成孔；第二部分为16根ϕ100mm毛竹沿圆周均匀布置，形成竹筋笼作为受力筋。其中桩体混凝土标号C30，混凝土净保护层厚度40mm。竹筋混凝土桩

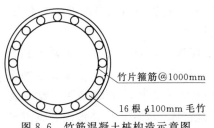

竹片箍筋@1000mm

16根φ100mm毛竹

图 8.6　竹筋混凝土桩构造示意图

构造见图 8.6。

8.4.3　竹筋混凝土桩施工工艺流程

1. 施工流程

竹筋混凝土桩施工工艺流程与钢筋混凝土桩类似，不同的是用竹子代替了钢筋。其施工流程为：平场地→铺设工作平台→安装钻机→压套管→钻进成孔→安放竹筋笼→放导管→浇注混凝土→拉拔套管→检查成桩质量。

2. 施工注意事项

（1）安装钻孔机的基础如果不稳定，施工中易产生钻孔机倾斜、桩倾斜和桩偏心等不良现象，因此要求安装地基稳固。对地层较软和有坡度的地基，可用推土机推平，再垫上钢板或枕木加固。为防止桩位不准，施工中很重要的是定好中心位置和正确的安装钻孔机，对有钻塔的钻机，先利用钻机的动力与附近的地笼配合，将钻杆移动大致定位，再用千斤顶将机架顶起，准确定位，使起重滑轮、钻头或固定钻杆的卡孔与护筒中心在一条垂线上，以保证钻机的垂直度。钻机位置的偏差不大于 2cm。对准桩位后，用枕木垫平钻机横梁，并在塔顶对称于钻机轴线上拉上缆风绳。

（2）清孔完毕之后，就可将预制的竹筋笼垂直吊放到孔内，定位后要加以固定，然后用导管灌注混凝土，灌注时混凝土不要中断，否则易出现断桩现象。

（3）由于毛竹直径上下不均匀，竹筋笼绑扎过程中要注意将整根竹子中间部分绑扎到桩体中心受力最大的位置，从而有利于保证桩体稳定。

（4）施工中由于竹子是中空结构而且竹子的直径大因此其浮力远大于钢筋的浮力，在插入泥浆过程中很难直接插入。可采用将竹筋笼下部添加重物或将竹体钻孔等手段减小浮力，从而顺利将竹筋笼安装到位。

8.5　竹筋水泥土搅拌桩

8.5.1　技术背景

水泥土搅拌桩的止水能力一般较好，但是抗剪能力和抗弯能力不足，在水泥土搅拌桩中插入毛竹，形成竹筋水泥土搅拌桩，既可以承受一定的竖向承载力，又可以承受横向剪力。本技术可以应用于基坑工程的围护结构，盾构进出洞端头土体加固，以及地基处理工程中。

当本技术应用在地质条件较好的盾构进出洞端头土体加固工程中时，易挖除性与济性是竹筋水泥土搅拌桩优于其他加固方式的主要特点，使之适用于TBM、盾构等机械化施工而不会损坏刀具。

本技术具有以下特点：易挖除性、经济性、临时性。

8.5.2 竹筋水泥土搅拌桩构造

竹筋水泥土搅拌桩由两大部分组成：第一部分为 $\phi 500 \sim 1000mm$ 水泥土搅拌桩；第二部分为插入水泥土搅拌桩中的毛竹。毛竹直径一般为 $\phi 50 \sim 100mm$，毛竹插入深度一般比外部水泥土搅拌桩短 $1 \sim 2m$，竹筋水泥土搅拌桩毛竹平面布置图见图 8.7。

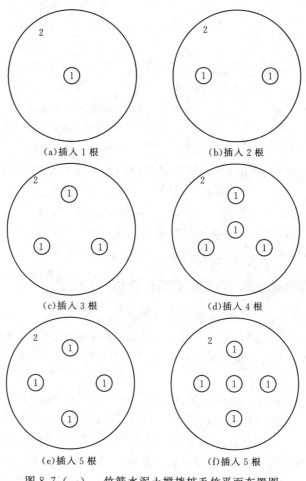

(a)插入 1 根   (b)插入 2 根

(c)插入 3 根   (d)插入 4 根

(e)插入 5 根   (f)插入 5 根

图 8.7（一）　竹筋水泥土搅拌桩毛竹平面布置图

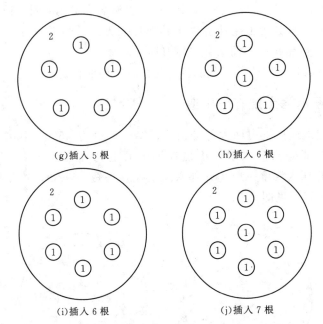

图 8.7（二） 竹筋水泥土搅拌桩毛竹平面布置图

1—毛竹；2—水泥土搅拌桩；除水泥土搅拌桩中心插入毛竹外，其他
毛竹均沿着直径为水泥土搅拌桩直径一半的同心圆均匀环向分布插入

水泥土搅拌桩可采用 P·O42.5 普通硅酸盐水泥，水泥掺入量控制在 18％ 左右，水灰比为 0.45～0.5，掺加 3％ 水泥体积的石膏粉。为增加水泥土搅拌桩的整体连接和提高抗弯刚度，在水泥土搅拌桩中插入通直毛竹作为搅拌桩的加筋材料。多根水泥土搅拌桩桩顶设钢筋混凝土镇口板，板厚 20mm，水泥土搅拌桩内的毛竹进入混凝土镇口板不少于 50mm。

8.5.3 竹筋水泥土搅拌桩施工工艺流程

水泥土搅拌桩施工方法与注意事项如下。

（1）施工工艺流程。定位→预搅拌喷浆下沉→至设计深度时，原地喷浆 1min→搅拌喷浆上升→重复搅拌喷浆下沉→重复搅拌喷浆上升→完成移机。

（2）施工注意事项。

1）开机前必须调试，检查桩机运转和输料管是否顺畅。

2）桩位布置与设计值偏差不大于 4％，搅拌桩身垂直度偏差不大于 1％。

3）开工前应明确灰浆经输浆管到达搅拌桩机喷浆口的时间、搅拌机的灰浆泵输浆量、起吊设备提升速度等施工参数；并根据设计要求进行试桩以确定水泥土的配合比等参数和成桩的施工工艺。采用流量泵控制水泥浆输送速度，使注浆泵出口压力保持在 0.4～0.6MPa，施工过程中确保搅拌提升速度与泵的输浆速度同步。

4）制备好的水泥浆液不得离析，泵送不得间断。拌制浆液的数量、泵送水泥浆液的时间等派专人记录，喷浆量及搅拌深度必须采用经国家计量部门认证的监测仪器进行自动记录。

5）为确保搅拌桩桩端质量，当浆液达到出浆口后，应喷浆座底 60s，在水泥浆与桩端土充分搅拌后，再开始提升搅拌头。

6）搅拌次数以试桩时确定的二次喷浆三次搅拌工艺为准，最后一次提升搅拌采用慢速提升。当喷浆口到达设计桩顶高程时，应停止提升，搅拌数秒，以确保桩头均匀密实。

7）在施工过程中因故停浆，应将搅拌机下沉至停浆点以下 50cm，待恢复供浆时再喷浆提升。若停机超过 3h，为防止浆液硬结导致堵管，应拆卸输浆管路并清洗。

8）施工连续墙或者壁状加固时，桩与桩之间的搭接时间不大于 24h，如因特殊原因超过 24h，应对最后一根桩先进行空钻留出榫头以待下一批桩搭接；遇到间隔时间过长，导致与第二根无法搭接情况下，可采取局部补桩或注浆措施。

毛竹筋施工方法与注意事项如下。

（1）施工方法。每根搅拌桩施工完毕，随即施工加筋材料。加筋材料选用通直毛竹，直径在 50~100mm，根据水泥土搅拌桩直径来选择。毛竹必须在搅拌桩水泥土硬化前插入。选用的毛竹必须通直光滑，先采用人工往桩中心压入一部分毛竹，再利用桩机将毛竹剩余部分全部压入水泥土中，压的时候应注意将毛竹粗段朝上，细段朝下。加筋水泥搅拌桩施工完毕，挖除桩头松散破碎的部分，露出 20~30cm 毛竹头，沿桩顶将毛竹头用钢筋网连接，并用 C20 混凝土浇筑成镇口板。

（2）注意事项。毛竹必须在搅拌桩机钻杆提出后立即插入，以保证在水泥土未凝结之前完成。

8.6　冻结水泥土搅拌桩

8.6.1　技术背景

水泥土搅拌桩是通过特制的深层搅拌机械，在地基中就地将软黏土和水泥浆强制拌和，使软黏土硬结成具有整体性、水稳性和足够强度的地基土。深层搅拌机可由单轴、双轴、三轴以及多轴管组成，外管下端带叶片，靠管上端的电动机带动旋转，内管供输送水泥。深层搅拌法施工时，除深层搅拌机外，尚需起吊设备、固化剂制备泵送系统（灰浆搅拌机、灰浆泵、冷却水泵、管道等）、控制操纵台等设备。

本技术在水泥土搅拌桩中实施人工冻结法，可有效地抑制冻胀融沉现象。同时，水泥土搅拌桩抗剪能力和抗弯能力不足，在水泥土搅拌桩中插入冻结管实施冻结，形成冻结水泥土搅拌桩，在保证地层承载力和防水性能的基础上，既可以提高水泥土搅拌桩的抗剪能力和抗弯能力，也可减小水泥的使用量，节省了成本。本技术可以应用于基坑工程的围护结构，盾构进出洞端头的土体加固，以及地基处理工程中。

8.6.2 冻结水泥土搅拌桩构造

冻结水泥土搅拌桩由两大部分组成：第一部分为水泥土搅拌桩体；第二部分为插入水泥土搅拌桩中的冻结管。冻结管直径通常为 89mm、108mm、127mm、146mm、159mm 和 168mm，插设在桩体的中心部位，或者绕设在桩体中心部位的周圈设置，冻结管插入深度一般比外部水泥土搅拌桩短 0.5～1m。冻结管材质通常为无缝低碳钢管，也可以采用 PVC、PPR、ABS、PE 等塑料管；冻结管截面通常为圆形，也可以采用工字形、X 形、T 形、Y 形等异形截面。冻结水泥土构造见图 8.8。

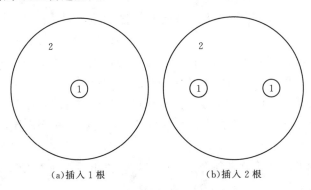

(a)插入 1 根　　　　　　(b)插入 2 根

图 8.8　冻结水泥土搅拌桩平面布置图
1—冻结管；2—水泥土搅拌桩

水泥土搅拌桩可采用 P·O42.5 普通硅酸盐水泥，水泥掺入量可在 7％～18％左右，水灰比为 0.45～0.5，掺加 3％水泥体积的石膏粉。为增加水泥土搅拌桩的整体连接和提高抗弯刚度，在水泥土搅拌桩中插入冻结管作为搅拌桩的加筋材料，冻结管直径通常为 89mm、108mm、127mm、146mm、159mm和 168mm，冻结管插入深度一般比外部水泥土搅拌桩短 0.5～1m。多根水泥土搅拌桩桩顶设钢筋混凝土镇口板，板厚 20mm，水泥土搅拌桩内的冻结管进入混凝土镇口板不少于 50mm。

8.6.3 冻结水泥土桩施工工艺流程

水泥土搅拌桩施工方法与注意事项如下。

（1）施工工艺流程。定位→预搅拌喷浆下沉→至设计深度时，原地喷浆 1min→搅拌喷浆上升→重复搅拌喷浆下沉→重复搅拌喷浆上升→完成移机。

（2）施工注意事项。

1）开机前必须调试，检查桩机运转和输料管是否顺畅。

2）桩位布置与设计值偏差不大于4%，搅拌桩身垂直度偏差不大于1%。

3）开工前应明确灰浆经输浆管到达搅拌桩机喷浆口的时间、搅拌机的灰浆泵输浆量、起吊设备提升速度等施工参数；并根据设计要求进行试桩以确定水泥土的配合比等参数和成桩的施工工艺。采用流量泵控制水泥浆输送速度，使注浆泵出口压力保持0.4～0.6MPa，施工过程中确保搅拌提升速度与泵的输浆速度同步。

4）制备好的水泥浆液不得离析，泵送不得间断。拌制浆液的数量、泵送水泥浆液的时间等派专人记录，喷浆量及搅拌深度必须采用经国家计量部门认证的监测仪器进行自动记录。

5）为确保搅拌桩桩端质量，当浆液达到出浆口后，应喷浆座底60s，在水泥浆与桩端土充分搅拌后，再开始提升搅拌头。

6）搅拌次数以试桩时确定的二次喷浆三次搅拌工艺为准，最后一次提升搅拌采用慢速提升。当喷浆口到达设计桩顶高程时，应停止提升，搅拌数秒，以确保桩头均匀密实。

7）在施工过程中因故停浆，应将搅拌机下沉至停浆点以下50cm，待恢复供浆时再喷浆提升。若停机超过3h，为防止浆液硬结导致堵管，应拆卸输浆管路并清洗。

8）施工连续墙或者壁状加固时，桩与桩之间的搭接时间不大于24h，如因特殊原因超过24h，应对最后一根桩先进行空钻留出榫头以待下一批桩搭接；遇到间隔时间过长，导致与第二根无法搭接情况下，可采取局部补桩或注浆措施。

冻结管施工方法与注意事项如下。

（1）施工方法。每根搅拌桩施工完毕，随即施工加筋材料。加筋材料选用冻结管，冻结管直径通常为89mm、108mm、127mm、146mm、159mm和168mm，根据水泥土搅拌桩直径来选择。冻结管插设在桩体的中心部位，或者绕设在桩体中心部位的周圈设置，冻结管插入深度一般比外部水泥土搅拌桩短0.5～1m。冻结管材质通常为无缝低碳钢管，也可以采用PVC、PPR、ABS、PE等塑料管；冻结管截面通常为圆形，也可以采用工字形、X形、T形、Y形等异形截面。

冻结管必须在搅拌桩水泥土硬化前插入。选用的冻结管外表面必须通直光滑，先采用人工往桩中心压入一部分冻结管，再利用桩机将冻结管剩余部分全部压入水泥土中。加筋水泥搅拌桩施工完毕，挖除桩头松散破碎的部分，露出20～30cm 冻结管管头，沿桩顶将冻结管用钢筋网连接，并用 C20 混凝土浇筑成镇口板。

（2）注意事项。

1）冻结管必须在搅拌桩机钻杆提出后立即插入，以保证在水泥土未凝结之前完成。

2）冻结管接头采用螺纹加焊接，抗拉强度不低于母管的 75%。

3）冻结管插入前要先配管，保证冻结管同心轴线重合，焊接时，焊缝要饱满，保证冻结管有足够强度，以免拔管时冻结管断裂。

4）冻结管插入完毕后，用木塞等封堵管口，以免异物掉进冻结管。

8.7 套管竹筋水泥土桩

8.7.1 技术背景

目前在我国高速公路、铁路、市政、机场等工程中，桩式路堤已经成为一种普遍的地基处理方法，常用的路堤桩以水泥土搅拌桩等柔性桩和振动沉管灌注桩、预应力管桩等刚性桩为主。

对深厚软基进行直接处理和利用其他手段避开深厚软基缺陷的方法从应用原理方面可分为排水固结类、胶结类、桩土复合地基类、轻质填料类 4 大类。其中塑料排水板堆载预压法、砂井堆载预压法、袋装砂井堆载预压法施工时需严格控制填土速率，存在施工和预压期较长，工后沉降较大的缺陷，各种真空联合堆载预压法当有透水砂层时需设置防渗帷幕和密封套，增加了工程造价与施工工序，同时真空度的传递随深度递减很快。上述各种排水固结类方法中竖向排水体的设置如不管穿深厚软土层，则固结预压期较长，工后沉降也较大，如贯穿深厚软土层，则会增加工程造价。胶结类方法不适用于对水泥有严重侵蚀和地下水流速过大的地区，对超深厚软基处理效果不佳且对环境有一定的污染。在桩土复合地基类中能比较理想的解决深厚软基工后沉降的方法如混凝土管桩法、刚性桩法、长短桩法等都存在造价过高的缺陷。造价适中的 CFG 桩法、干振复合桩法对环境也有一定的污染。轻质填料类方法的主要优点是施工工期短，同时能节省工程用地，但是造价高昂，不适合大面积使用，同时软基未经处理，容许承载力未得到提高，工后沉降大，部分填料吸水性较强，易被水冲刷，需设于地下水位以上及设置密封层，也具有环境污染的副作用。

本技术是一种塑料套管竹筋水泥土桩，特别涉及一种新的地基处理技术。其成桩方法可简单概括为：通过振动沉管设备在地基中沉管，在沉管中依次吊入塑料套管和竹筋笼，再在塑料套管中灌入水泥土，振动拔出沉管，在注浆通道和塑料套筒与土体间隙中注浆或填充砂石，这样，塑料套管、竹筋笼、水泥土3者就形成了地基加固桩。若无需排水，可浇筑水泥土盖板并铺设垫层和土工格栅；若需排水，直接铺设碎石垫层和土工格栅，最终形成路堤桩系统。

当深厚软基内无厚的硬土层如砂层、卵石层时，多采用振动沉管法施工，桩尖可采用预制混凝土桩尖和活瓣桩尖。如有厚的硬土层，可采用长螺旋方式成孔。

8.7.2 套管竹筋水泥土桩构造

套管竹筋水泥土桩是一种新型的软土地层中地基处理方法。该塑料套管竹筋水泥土桩主要由3部分组成，包括：①塑料套管：通过沉管扩孔后放入地层中的塑料套管，塑料套管直径可选择为160～1000mm，长度由处理地基的深度决定，塑料套管内外可做成带螺纹的表面，以增大塑料套管内外土体对其的摩擦力和咬合作用，塑料套管可采用PVC、PPR、ABS、PE等塑料管。②竹筋笼：放入塑料套管中的竹筋笼，竹筋作为水泥土中的加筋材料，可以提高水泥土桩的强度，竹筋笼可以由毛竹和竹片组成，毛竹直径可选择为50～100mm，由套管直径决定，当套管直径较小时，竹筋笼可以只由竹片编织而成，竹筋笼长度与套管长度一致。③水泥土：填充满塑料套管的水泥土，是现场将土、水泥、水一起拌制而成，土、水泥、水的拌制比例按照当在现场实施水泥土搅拌桩时的比例取值，为了提高其强度，还可以在拌制时加入适量纤维。本技术的优点：施工方法简便、施工效率高、施工质量好并且工程造价低，能够确保工程地基基础承载力和满足施工工期要求。塑料套管竹筋水泥土构造见图8.9。

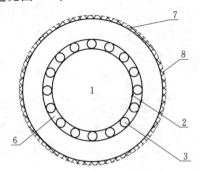
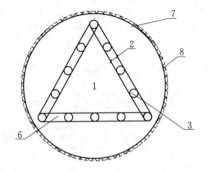

(a)单层塑料套管时剖面图

图8.9（一） 塑料套管竹筋水泥土桩示意图

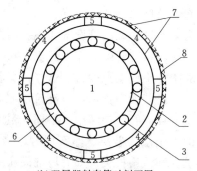

(b)双层塑料套管时剖面图

图 8.9（二） 塑料套管竹筋水泥土桩示意图

1—水泥土；2—竹片箍筋；3—毛竹；4—双层塑料套管间填充物；
5—注浆通道；6—竹筋笼；7—塑料套管；8—注浆填充物

8.7.3 套管竹筋水泥土桩施工工艺流程

本技术施工工艺与注意事项如下。

1. 施工工艺流程

施工工艺流程见图 8.10～图 8.12。

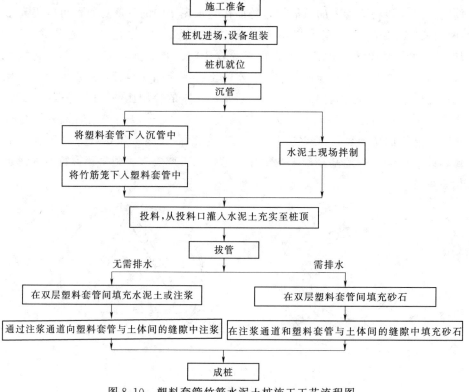

图 8.10 塑料套管竹筋水泥土桩施工工艺流程图

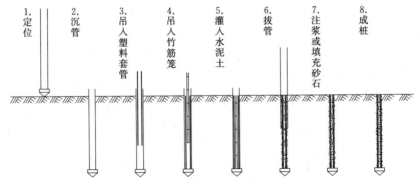

图 8.11 塑料套筒竹筋水泥土桩施工顺序示意图

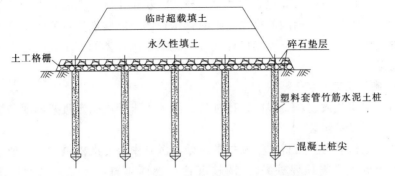

图 8.12 塑料套筒竹筋水泥土桩复合地基剖面示意图

2. 施工准备

（1）机械准备。采用静压辅助振动沉管桩机、小型加长振捣棒和其他辅助设备，必须配备性能可靠、符合标准、种类齐全的施工机械和设备，在施工前做好机械设备的保养、试机工作，确保在施工期间一切正常作业。

（2）材料准备。

1）桩身和盖板采用水泥土浇筑，土、水泥、水的拌制比例按照当在现场实施水泥土搅拌桩时的比例取值，为了提高其强度，还可以在拌制时加入适量纤维。

2）塑料套管直径可选择为 160～1000mm，长度由处理地基的深度决定；塑料套管内外可做成带螺纹的表面，以增大塑料套管内外土体对其的摩擦力和咬合作用；塑料套管可采用 PVC、PPR、ABS、PE 等塑料管。

3）桩尖可采用预制混凝土桩尖和活瓣桩尖，见图 8.13。

4）竹筋作为水泥土中的加筋材料，可以提高水泥土桩的强度；竹筋笼可以由毛竹和竹片组成，毛竹直径可选择为 50～100mm，由套管直径决定；当套管直径较小时，竹筋笼可以只由竹片编织而成；竹筋笼长度与套管长度一致。

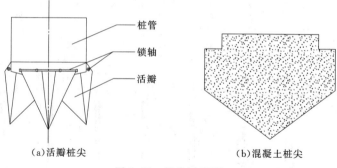

（a）活瓣桩尖　　　　　　　　　（b）混凝土桩尖

图 8.13　桩尖示意图

（3）场地准备。清除地表的杂草、树根、耕植土等，在路基外侧开挖临时排水边沟，保证施工期间的排水，临时排水边沟不能喝农田排灌沟渠共用，在施工期间不能长期积水，根据设计文件和施工组织计划的要求，确定合理可行的施工顺序。

3. 施工工艺

（1）桩机进入现场，根据设计桩长、沉管入土深度确定机架高度和沉管长度，并进行设备组装。

（2）桩机就位。桩机移至预打桩位处，沉管中心对准桩位中心（如采用预制混凝土桩尖尚需预埋桩尖），调整沉管与地面垂直，确保垂直度偏差不大于 1%。

（3）沉管。启动马达，沉管到预定标高，停机，遇硬夹层时需启动马达振动加荷，直至穿透硬夹层。

（4）吊入塑料套管。沉管到设计深度后利用卷扬机从塔架顶部将塑料套管吊起，徐徐放入孔内。塑料套管通长宜为整体连续套管，如需接管需保证接管的连接强度。

（5）吊入竹筋笼。将事先准备好的竹筋笼吊入塑料套管中。

（6）投料、拔管。塑料套管和竹筋笼全部放入孔内后固定其在孔位中心，从孔口处灌入拌制好的水泥土，填充至桩顶，启动马达留振 5~10s，然后开始拔管（采用预制混凝土桩尖）或打开桩尖活瓣门（钢制活瓣桩尖），边拔管边振动，拔管速度应按匀速控制，拔管速率宜控制在 1.2~1.5mm/min 左右。

（7）注浆或填充砂石。在注浆通道和塑料套筒与土体间隙中注浆或填充砂石，这样，塑料套管、竹筋笼、水泥土三者就形成了地基加固桩。

（8）重复上述步骤继续下一根桩的施工。

（9）待全部塑料套管竹筋水泥土桩施工结束，人工整平后铺设 1 层土工格栅和厚约 50cm 的砂或碎石作为褥垫层，先铺设下半层砂或碎石垫层，整平压实后铺设双向土工格栅，然后再铺设上半层砂或碎石垫层。若无需排水，可在塑料套管竹筋水泥土桩上端现场施做水泥土盖板，最终形成路堤桩系统。

4. 质量控制和检验

（1）材料质量控制。

1）塑料套管。塑料套管在整个施工过程中应保持完整性，不宜断裂破碎。

2）砂石。具有良好的透水性和一定的强度，含泥量不大于 5%。

3）碎石垫层。厚度满足设计要求，碎石最大粒径不大于 30mm。

4）双向土工格栅。经检测材料质量符合国家标准，每延米横（纵）向拉伸屈服力不小于 30kN。

（2）施工质量控制。

1）桩位、桩长。按设计要求布桩，对条形基础，桩位偏差不大于 0.25 倍桩径，对满堂布桩基础，桩位偏差不大于 0.4 倍桩径，桩长不小于设计桩长。

2）接桩质量要保证施工顺利与安全。

3）垂直度不大于 1.0%。

4）拔管速度匀速，1.2～1.5m/min 左右。

5）灌砂或碎石屑。拔管后补灌至桩顶，必要时分段灌注分段留振。

（3）质量检验。

1）施工质量检验主要检查施工记录、桩数、桩位偏差、褥垫层厚度和桩体试块抗压强度等。

2）塑料套管竹筋水泥土桩复合地基竣工验收时，承载力检验应采用复合地基载荷试验。

3）试验数量宜为总桩数的 0.5%～1%，且每个单体工程的试验数量不应少于 3 点。

（4）质量保证措施。

1）建立完善的技术和质量管理制度，明确岗位职责，责任到人。

2）及时组织施工人员学习图纸、施工方案和工艺标准，做好技术交底工作。

3）严格按照现行施工规范、操作规程和工艺标准进行施工。

4）服从总包单位和监理对工程质量的管理、监督，并与设计等有关单位密切配合。

5）现场配备足够的具有丰富经验，且有较强工作能力和责任心的工程技术人员和专职质量检查员。推行全面质量管理，开展 QC 小组活动，技术人员跟班作业，遇到问题及时解决。

6）把好材料关，各种材料要有产品合格证。

8.8　冻结高压旋喷桩

8.8.1　技术背景

人工地层冻结法（artificial ground freezing，AGF）简称"冻结法"，是利用人工制冷技术，使地层中的水结冰，把天然岩土变成冻土，增加其强度和稳定性，隔绝地下水与地下工程的联系，以便在冻结壁的保护下进行地下工程施工的特殊施工技术，其实质是利用人工制冷临时改变岩土性质以加固地层。人工土冻结法由于基本不受支护范围和支护深度的限制，能有效防止涌水以及城市挖掘、钻凿施工中相邻土体的变形而受到越来越多的重视，成为地下工程的主要技术手段之一。

人工地层冻结冻土帷幕（墙）形成过程是：在冻结管内循环低温冷媒剂（盐水），通过冻结管与周围地层不断发生热交换，开始时在冻结管周围形成冻土圆柱，随着冻结管冷量的不断供给，冻土圆柱不断扩展，相邻冻土圆柱交圈后形成具有一定厚度冻土帷幕向两边扩展。但人工冻结法施工后，使周围地层产生冻胀融沉现象，对周围环境来说，使得土的工程性质和相邻建筑物受到不良影响，如造成地基失稳，使邻近建筑物产生倾斜、裂缝、严重时会导致建筑物坍塌等事故，或使地下管线发生破坏等不良后果。

本技术的目的是为克服上述现有技术的不足，提供一种冻结高压旋喷桩，其采用在高压旋喷桩中插入冻结管实施冻结，形成冻结高压旋喷桩，可有效地抑制冻胀融沉现象，同时在保证地层承载力和防水性能的基础上，既可以提高高压旋喷桩的抗剪能力和抗弯能力，也可减小水泥的使用量，节省了成本。

8.8.2　冻结高压旋喷桩构造

冻结高压旋喷桩包括高压旋喷桩体，在高压旋喷桩体的中心处设置一个与桩体的中心线平行的冻结管，冻结管的上端口高出高压旋喷桩体上端面，冻结管上端穿过高压旋喷桩体上端面的钢筋混凝土镇口板，并由钢筋混凝土镇口板固定。

1. 实施例1

一种冻结高压旋喷桩，包括高压旋喷桩体，在高压旋喷桩体的中心处设置一个与桩体的中心线平行的冻结管，冻结管的上端口高出高压旋喷桩体上端面，冻结管1上端穿过高压旋喷桩体2上端面的钢筋混凝土镇口板，并由钢筋混凝土镇口板固定，见图8.14（a）。

冻结管1直径为89mm、108mm、127mm、146mm、159mm 或 168mm，

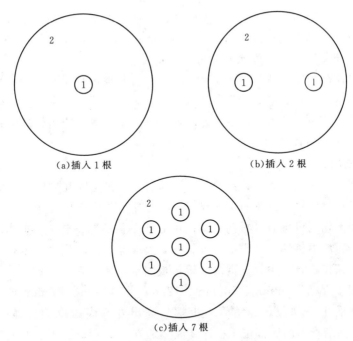

(a)插入1根　　　　　　　(b)插入2根

(c)插入7根

图 8.14　冻结高压旋喷桩平面布置图

1—冻结管；2—高压旋喷桩体

插设在桩体的中心部位。冻结管 1 上端口高出外部高压旋喷桩体 2 上端面 0.5～1m。冻结管的底部位于桩体底端上方 0.5～1m。冻结管 1 为无缝低碳钢管、PVC 管、PPR 管、ABS 管或 PE 管。冻结管的截面为圆形、工字形、X 形、T 形或 Y 形等异形截面。通过向冻结管 1 中循环通入低温盐水、液氮等冷媒介质，使地层中水结成冰，把岩土变成冻土。

冻结管底部封闭，冻结管上口用封堵住。冻结管的接头采用螺纹加焊接结构，抗拉强度不低于母管的 75%。加筋高压旋喷桩施工完毕，挖除桩头松散破碎的部分，露出 20～30cm 冻结管管头，沿桩顶将冻结管用钢筋网连接，并用 C20 混凝土浇筑成镇口板。

2. 实施例 2

一种冻结高压旋喷桩，包括高压旋喷桩体 2，在高压旋喷桩体 2 内与其中心等距圆周上对称设置有两个与桩体的中心线平行的冻结管 1，冻结管 1 的上端口高出高压旋喷桩体 2 上端面，冻结管 1 上端穿过高压旋喷桩体 2 上端面的钢筋混凝土镇口板，并由钢筋混凝土镇口板固定，见图 8.14 （b）。

冻结管 1 直径为 89mm、108mm、127mm、146mm、159mm 或 168mm，插设在桩体的中心部位。冻结管 1 上端口高出外部高压旋喷桩体 2 上端面 0.5～1m。冻结管的底部位于桩体底端上方 0.5～1m。冻结管 1 为无缝低碳钢管、PVC 管、PPR 管、ABS 管或 PE 管。冻结管的截面为圆形、工字形、X形、T 形或 Y 形等异形截面。通过向冻结管 1 中循环通入低温盐水、液氮等冷媒介质，使地层中水结成冰，把岩土变成冻土。

冻结管底部封闭，冻结管上口用封堵住。冻结管的接头采用螺纹加焊接结构，抗拉强度不低于母管的 75%。加筋高压旋喷桩施工完毕，挖除桩头松散破碎的部分，露出 20~30cm 冻结管管头，沿桩顶将冻结管用钢筋网连接，并用 C20 混凝土浇筑成镇口板。

3. 实施例 3

一种冻结高压旋喷桩，包括高压旋喷桩体 2，在高压旋喷桩体 2 的中心处设置一个与桩体的中心线平行的冻结管 1，同时在高压旋喷桩体 2 内与其中心等距的圆周上均匀设置有 6 根与桩体的中心线平行的冻结管 1，冻结管 1 的上端口高出高压旋喷桩体 2 上端面，冻结管 1 上端穿过高压旋喷桩体 2 上端面的钢筋混凝土镇口板，并由钢筋混凝土镇口板固定，见图 8.14（c）。

冻结管 1 直径为 89mm、108mm、127mm、146mm、159mm 或 168mm，插设在桩体的中心部位。冻结管 1 上端口高出外部高压旋喷桩体 2 上端面 0.5~1m。冻结管 1 的底部位于桩体 2 底端上方 0.5~1m。冻结管 1 为无缝低碳钢管、PVC 管、PPR 管、ABS 管或 PE 管。冻结管的截面为圆形、工字形、X 形、T 形或 Y 形等异形截面。通过向冻结管 1 中循环通入低温盐水、液氮等冷媒介质，使地层中水结成冰，把岩土变成冻土。

冻结管底部封闭，冻结管上口用封堵住。冻结管的接头采用螺纹加焊接结构，抗拉强度不低于母管的 75%。加筋高压旋喷桩施工完毕，挖除桩头松散破碎的部分，露出 20~30cm 冻结管管头，沿桩顶将冻结管用钢筋网连接，并用 C20 混凝土浇筑成镇口板。

8.8.3 冻结高压旋喷桩施工工艺流程

1. 高压旋喷桩施工工艺

高压旋喷施工工艺见图 8.15。

（1）钻机定位。移动旋喷桩机到指定桩位，将钻头对准孔位中心，同时整平钻机，放置平稳、水平，钻杆的垂直度偏差不大于 1%~1.5%。就位后，首先进行低压（0.5MPa）射水试验，用以检查喷嘴是否畅通，压力是否正常。

（2）制备水泥浆。桩机移位时，即开始按设计确定的配合比拌制水泥浆。首先将水加入桶中，再将水泥和外掺剂倒入，开动搅拌机搅拌 10~20min，而后拧开搅拌桶底部阀门，放入第一道筛网（孔径为 0.8mm），过滤后流入浆液池，然后通过泥浆泵抽进第二道过滤网（孔径为 0.8mm），第二次过滤后流入浆液桶中，待压浆时备用。

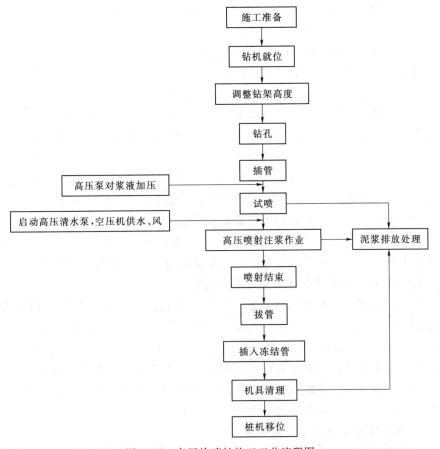

图 8.15 高压旋喷桩施工工艺流程图

（3）钻孔（三重管法）。当采用地质钻机钻孔时，钻头在预定桩位钻孔至设计标高（预钻孔孔径为 15cm）。

（4）插管（单重管法、二重管法）。当采用旋喷注浆管进行钻孔作业时，钻孔和插管二道工序可合而为一。当第一阶段贯入土中时，可借助喷射管本身的喷射或振动贯入。其过程为：启动钻机，同时开启高压泥浆泵低压输送水泥浆液，使钻杆沿导向架振动、射流成孔下沉；直到桩底设计标高，观察工作电流不应大于额定值。三重管法钻机钻孔后，拔出钻杆，再插入旋喷管。在插管过程中，为防止泥沙堵塞喷嘴，可用较小压力（0.5～1.0MPa）边下管边射水。

（5）提升喷浆管、搅拌。喷浆管下沉到达设计深度后，停止钻进，旋转不停，高压泥浆泵压力增到施工设计值（20～40MPa），坐底喷浆 30s 后，边喷浆，边旋转，同时严格按照设计和试桩确定的提升速度提升钻杆。若为二重管法或三重管法施工，在达到设计深度后，接通高压水管、空压管，开动高压清水泵、泥浆泵、空压机和钻机进行旋转，并用仪表控制压力、流量和风量，分别达到预定数值时开始提升，继续旋喷和提升，直至达到预期的加固高度后停止。

（6）桩头部分处理。当旋喷管提升接近桩顶时，应从桩顶以下 1.0m 开始，慢速提升旋喷，旋喷数秒，再向上慢速提升 0.5m，直至桩顶停浆面。

（7）若遇砾石地层，为保证桩径，可重复喷浆、搅拌：按步骤（4）～（6）重复喷浆、搅拌，直至喷浆管提升至停浆面，关闭高压泥浆泵（清水泵、空压机），停止水泥浆（水、风）的输送，将旋喷浆管旋转提升出地面，关闭钻机。

（8）清洗。向浆液罐中注入适量清水，开启高压泵，清洗全部管路中残存的水泥浆，直至基本干净。并将黏附在喷浆管头上的土清洗干净。

（9）移位。移动桩机进行下一根桩的施工。

（10）补浆。喷射注浆作业完成后，由于浆液的析水作用，一般均有不同程度的收缩，使固结体顶部出现凹穴，要及时用水灰比为 1.0 的水泥浆补灌。

2. 高压旋喷桩推荐的主要施工技术参数

（1）单重管法。浆液压力 20～40MPa，浆液比重 1.30～1.49，旋喷速度 20r/min，提升速度 0.2～0.25m/min，喷嘴直径 2～3mm，浆液流量 80～100L/min（视桩径流量可加大）。

（2）二重管法。浆液压力 20～40MPa，压缩空气压力 0.7～0.8MPa。

（3）三重管法。浆液压力 0.2～0.8MPa，浆液比重 1.60～1.80，压缩空气压力 0.5～0.8MPa，高压水压力 30～50MPa。

3. 冻结管施工方法与注意事项

（1）施工方法。每根高压旋喷桩施工完毕，随即施工加筋材料。加筋材料选用冻结管，冻结管直径通常为 89mm、108mm、127mm、146mm、159mm 和 168mm，根据高压旋喷桩直径来选择。冻结管插设在桩体的中心部位，或者绕设在桩体中心部位的周圈设置，冻结管插入深度一般比外部旋喷桩短 0.5～1m。冻结管材质通常为无缝低碳钢管，也可以采用 PVC、PPR、ABS、PE 等塑料管；冻结管截面通常为圆形，也可以采用工字形、X 形、T 形、Y 形等异形截面。

冻结管必须在旋喷桩水泥土硬化前插入。选用的冻结管外表面必须通直光滑，先采用人工往桩中心压入一部分冻结管，再利用桩机将冻结管剩余部分全部压入水泥土中。加筋高压旋喷桩施工完毕，挖除桩头松散破碎的部分，露出 20～30cm 冻结管管头，沿桩顶将冻结管用钢筋网连接，并用 C20 混凝土浇筑成镇口板。

（2）注意事项。

1）冻结管 1 必须在旋喷桩机钻杆提出后立即插入，以保证在水泥土未凝结之前完成。

2）冻结管 1 接头采用螺纹加焊接，抗拉强度不低于母管的 75％。

3）冻结管 1 插入前要先配管，保证冻结管同心轴线重合，焊接时，焊缝要饱满，保证冻结管有足够强度，以免拔管时冻结管断裂。

4）冻结管 1 插入完毕后，用木塞等封堵管口，以免异物掉进冻结管。

8.9 竹筋微生物加固桩

8.9.1 技术背景

目前，大部分土体加固方法是利用机械能或人造材料对土体进行物理化学加固，而在机械施工及材料生产过程中均需要消耗大量的能源。其中，基于水泥、石灰或化学浆材的化学加固技术是一种极为常用的土体加固方法，它是将浆液灌入土体的孔隙或者与土体强制搅拌混合，从而达到增强土体强度，降低其渗透性的目的。然而，水泥与石灰等传统的胶凝材料能改变土体的 pH 值，使土体呈碱性并形成一定范围的侵蚀环境，对地下水与周围植被均会造成不良的影响。水泥生产过程中还会排放大量的温室气体，每生产 1t 水泥熟料，因燃煤和石灰石分解会排放出 1t 的 CO_2，其存在能耗高、污染环境等缺点，势必会对生态环境构成威胁，严重阻碍我国建设资源节约型和环境友好型社会的发展进程。对于其他化学灌浆材料而言，除了水玻璃（Na_2SiO_3）外，所有化学浆材（环氧树脂类、丙烯酸盐类、酚醛树脂类、聚氨酯类等）都是有毒的。因此，研究节能减排、生态环保、经济高效的新型土体加固方法意义重大。如何寻找到具有能耗小、污染少且性能优良的新型土体加固技术是目前亟待坚决的关键问题。

微生物诱导碳酸钙沉淀（MICP）是一种在自然界中广泛存在的生物矿化过程，机理简单，快速高效，环境耐受性好。将这一技术用于土体加固，将会带来巨大的环境效益和经济效益。

现有技术《微生物修复污染土的方法及其修复桩》（201310573202.0）公开了一种微生物修复污染土的方法及其修复桩，将搅拌技术与微生物修复技术相结合成桩，对污染场地进行修复治理，桩体包括原位污染土和修复液。该修复桩中的修复液促进微生物生长，微生物对微生物修复桩中的污染土进行修复；同时修复液扩散到微生物修复桩周边污染土中，促进微生物修复桩周边污染土中微生物的生长，从而对微生物修复桩周边污染土进行修复。该技术可解决现有技术修复深度浅、在低渗透率土体中气体和营养物质扩散率低的问题，极大地提高了修复效率，同时缩短了施工时间。

但是，该修复桩只能用于对于污染土的治理中，且存在着抗剪能力和抗弯能力不足的问题，如何将微生物土搅拌桩技术推广应用于基坑工程的围护结构、盾构进出洞端头的土体加固以及地基处理工程中，是目前需要解决的关键问题。

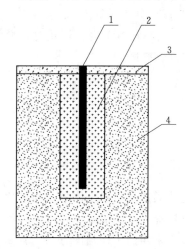

图 8.16　竹筋微生物土搅拌桩示意图

1—毛竹；2—微生物土搅拌桩；
3—镇口板；4—未加固土

8.9.2　竹筋微生物加固桩构造

本技术是一种竹筋微生物土搅拌桩，由两大部分组成，见图 8.16：第一部分为 $\phi500\sim1000mm$ 微生物土搅拌桩；第二部分为插入微生物土搅拌桩中的毛竹。毛竹直径一般为 $\phi50\sim100mm$，插入毛竹的平面布置见图 8.17，毛竹插入深度一般比外部微生物土搅拌桩短 $1\sim2m$。微生物土搅拌桩的止水能力一般较好，但是抗剪能力和抗弯能力不足，在微生物土搅拌桩中插入毛竹，形成竹筋微生物土搅拌桩，既可以承受一定的竖向承载力，又可以承受横向剪力。

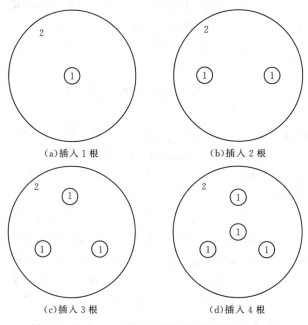

（a）插入 1 根　　　　　　　　（b）插入 2 根

（c）插入 3 根　　　　　　　　（d）插入 4 根

图 8.17（一）　竹筋微生物土搅拌桩平面布置图

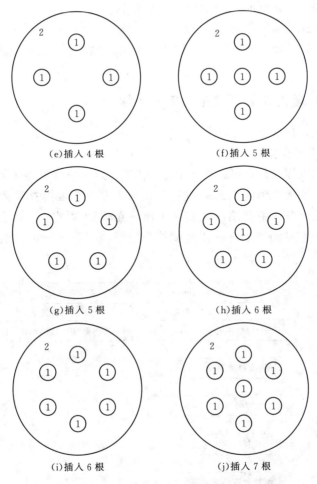

(e)插入 4 根　　　　　　(f)插入 5 根

(g)插入 5 根　　　　　　(h)插入 6 根

(i)插入 6 根　　　　　　(j)插入 7 根

图 8.17（二）　　竹筋微生物土搅拌桩平面布置图
1—毛竹；2—微生物土搅拌桩

微生物土搅拌桩是将搅拌技术与微生物诱导碳酸钙沉淀（MICP）技术相结合而成桩，将水泥土搅拌桩中的化学浆液换成菌液和胶结溶液。

其中，菌液是由浓度 $OD_{600}=1.5$ 的巴氏芽孢杆菌 S. pasteurii 及其生命活动所必需的营养盐溶液共同构成，每 1L 的营养盐溶液中含有 6.0g 的大豆蛋白胨、16.0g 的胰蛋白胨、5.0g 的氯化钠以及 20g 的尿素，营养盐溶液的 pH 值为 7.25。

胶结溶液由浓度为 0.60~1.50mol/L 的氯化钙溶液，浓度为 0.60~1.50mol/L 的尿素溶液混合而成，胶结溶液的具体浓度还必须根据现场地基中的土粒级配来合理确定。

为增加微生物土搅拌桩的整体连接和提高抗弯刚度，在微生物土搅拌桩中插入通直毛竹作为搅拌桩的加筋材料，毛竹直径 50～100mm，毛竹插入深度一般比外部微生物土搅拌桩短 1～2m。多根微生物土搅拌桩桩顶设钢筋混凝土镇口板，板厚 20mm，微生物土搅拌桩内的毛竹进入混凝土镇口板不少于 50mm。

8.9.3 竹筋微生物加固桩施工工艺流程

微生物土搅拌桩施工方法与注意事项如下。

1. 施工工艺流程

为了提高加固效果，可采用如下施工工艺：定位→预搅拌喷菌液下沉→至设计深度时，原地喷菌液 1min→搅拌喷菌液上升→重复搅拌喷菌液下沉→重复搅拌喷菌液上升→搅拌喷胶结溶液下沉→至设计深度时，原地喷胶结溶液 1min→搅拌喷胶结溶液上升→重复搅拌喷胶结溶液下沉→重复搅拌喷胶结溶液上升→完成移机，见图 8.18。

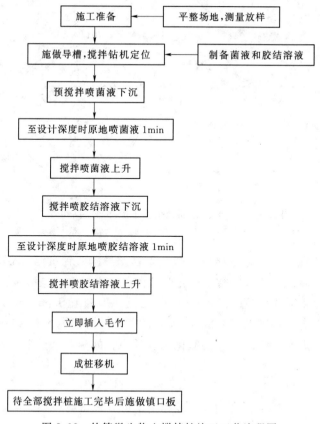

图 8.18 竹筋微生物土搅拌桩施工工艺流程图

2. 施工注意事项

（1）开机前必须调试，检查桩机运转和输料管是否顺畅。

（2）桩位布置与设计值偏差不大于 4%，搅拌桩身垂直度偏差不大于 1%。

（3）开工前应明确菌液和胶结溶液经输浆管到达搅拌桩机喷浆口的时间、搅拌机的浆泵输浆量、起吊设备提升速度等施工参数；并根据设计要求进行试桩以确定菌液和胶结溶液等成分参数和成桩的施工工艺。采用流量泵控制浆液输送速度，使注浆泵出口压力保持在 0.5～0.8MPa，施工过程中确保搅拌提升速度与泵的输浆速度同步。

（4）制备好的菌液和胶结溶液不得离析，泵送不得间断。拌制浆液的数量、泵送浆液的时间等派专人记录，喷浆量及搅拌深度必须采用经国家计量部门认证的监测仪器进行自动记录。

（5）为确保搅拌桩桩端质量，当浆液达到出浆口后，应喷浆座底 60s，在菌液和胶结溶液与桩端土充分搅拌后，再开始提升搅拌头。

（6）搅拌次数以试桩时确定的二次喷浆三次搅拌工艺为准，最后一次提升搅拌采用慢速提升。当喷浆口到达设计桩顶高程时，应停止提升，搅拌数秒，以确保桩头均匀密实。

（7）在施工过程中因故停浆，应将搅拌机下沉至停浆点以下 50cm，待恢复供浆时再喷浆提升。

（8）施工连续墙或者壁状加固时，桩与桩之间的搭接时间不大于 24h，如因特殊原因超过 24h，应对最后一根桩先进行空钻留出榫头以待下一批桩搭接；遇到间隔时间过长，导致与第二根无法搭接情况下，可采取局部补桩或注浆措施。

毛竹筋施工方法与注意事项如下。

（1）施工方法。每根搅拌桩施工完毕，随即施工加筋材料。加筋材料选用通直毛竹，直径在 50～100mm，根据微生物土搅拌桩直径来选择。毛竹必须在搅拌桩机钻杆提出后立即插入，以保证加固效果。选用的毛竹必须通直光滑，先采用人工往桩中心压入一部分毛竹，再利用桩机将毛竹剩余部分全部压入水泥土中，压的时候应注意将毛竹粗段朝上，细段朝下。加筋微生物土搅拌桩施工完毕，挖除桩头松散破碎的部分，露出 20～30cm 毛竹头，沿桩顶将毛竹头用钢筋网连接，并用 C20 混凝土浇筑成镇口板。

（2）注意事项。毛竹必须在搅拌桩机钻杆提出后立即插入，以保证加固效果。

本技术中的竹筋还可以用其他材料代替，形成加筋微生物土搅拌桩，可替代的材料包括：木桩、钢筋和钢板、素混凝土和钢筋混凝土、玻璃纤维钢以及 PVC、PPR、ABS、PE 等塑料管等等。

8.10　本章小结

　　本章主要介绍了"热加固桩""钢筋纤维水泥土桩""竹筋混凝土桩""竹筋水泥土搅拌桩""冻结水泥土搅拌桩""套管竹筋水泥土桩""冻结高压旋喷桩"和"竹筋微生物加固桩"这8项加固成桩技术，丰富并创新了在有机质浸染砂中的地基处理技术。

9 主要结论

本书以海南省文昌市某项目基坑水泥土搅拌桩不成桩为切入点，对海湾相有机质浸染砂进行一系列的常规土工试验、三轴试验及室内改性试验，了解有机质浸染砂的基本工程性质及本构规律，对有机质浸染砂进行改性使其具有一定的强度，可广泛使用于地基处理、加固工程、堤防加固工程、填海工程和道路工程等。

首先进行了密度试验、比重试验、颗粒分析试验、击实试验及渗透试验，并采用扫描电镜等仪器进行分析测试，以了解有机质浸染砂的基本物理化学指标及微观结构。根据有机质的存在形式对其成因进行了假想，还在室内对其形成过程进行了试验模拟；其次进行了三轴试验研究，通过设置 50kPa、100kPa、200kPa 三种围压，增 p、等 p、减 p 三种应力路径，固结不排水和固结排水两种排水条件下共 42 个试样的三轴试验，系统分析了围压、排水条件及应力路径对有机质浸染砂应力应变、体应变及孔隙水压力的应变。基于常规固结排水剪切试验结果对邓肯–张模型进行适用性分析，建立了适用于有机质浸染砂的改进邓肯–张模型。接着，在分析有机质浸染砂的改性机理基础上，设计正交试验，分析有机质浸染砂水泥土抗压强度的影响因素，并分析各因素的作用规律；接着进行有机质浸染砂室内改性试验，全面进行无侧限抗压强度试验，通过对试验结果的分析，找出有机质浸染砂水泥土的最优配合比，并对有机质浸染砂水泥土试块进行应力应变分析，发现其规律；最后基于室内改性试验的结果，建立强度预测公式，预测不同水泥掺入比和水灰比影响下的水泥土试块 28d 抗压强度，以供实际工程使用。本书最后还详细介绍了"热加固桩""钢筋纤维水泥土桩""竹筋混凝土桩""竹筋水泥土搅拌桩""冻结水泥土搅拌桩""套管竹筋水泥土桩""冻结高压旋喷桩"和"竹筋微生物加固桩"这8项加固成桩技术，丰富并创新了在有机质浸染砂中的地基处理技术。

本书主要得出了以下结论：

（1）本文所研究的有机质浸染砂土为细砂，粒径范围分布较窄，在工程上属于级配不良的砂；与普通砂相比，该砂土颗粒表面光滑，磨圆度较好，孔隙较小，颗粒排列具有一定的定向性。砂土中有机质含量较高，并且吸附包裹在砂土颗粒表面，改变了砂土颗粒的物理化学性质及微观结构，并影响到其渗透性、压缩性及抗剪强度。有机质浸染砂的形成是有机质颗粒经过雨水和地下水的作用渗透到地层中，并经过漫长的岁月，在海洋和陆地交替影响下，逐渐吸附于砂颗粒的表面，然后侵入砂颗粒的孔隙中，并与砂中的矿物质等在漫长的岁月中发生了复杂的物理、化学和生物的反应，而最终结合在了一起形成的，其有机质的存在形式是以浸染状存在的。

（2）水泥土搅拌桩在有机质浸染砂中成桩质量差的原因是有机质浸染砂中的有机质颗粒可以吸附于水泥和砂颗粒表面，阻碍和延缓了水泥的水化过程，而且将砂颗粒与水泥的水化产物隔开，降低了水泥水化物与砂颗粒间的作用效果，从物理和化学两方面都严重阻碍了水泥固化土强度的形成。

（3）分析对比应力路径三轴试验结果发现，围压、排水条件和应力路径均对有机质浸染砂的强度和变形特性有显著的影响，具体如下。

1）排水条件和应力路径相同时，不同围压下应力应变曲线形状相似，围压越大，砂土的抗剪强度越高，剪胀性越不明显。

2）围压和排水条件相同的情况下，抗剪强度规律为增 p 路径最高，等 p 路径次之，减 p 路径最低；剪胀性规律为减 p 路径最强，等 p 路径次之，增 p 路径最弱。

3）围压和应力路径相同的情况下，固结不排水试验的强度高于固结排水试验，固结不排水试验中，应力应变曲线表现为应变硬化型，应力路径向右上方偏转，屈服面向外扩张，屈服应力不断增大，固结排水试验中，应力应变曲线呈应变软化型，应力路径向左下方偏转，应力达到峰值后即进入塑性流动变形阶段。

4）不同排水条件和应力路径下有效黏聚力有明显差异，有效内摩擦角比较接近。

5）以平均有效正应力为归一化因子，对不同围压及应力路径下的应力应变关系进行归一化分析，固结不排水试验和固结排水试验均具有较好的归一化效果，拟合判定系数拟合判定系数 R^2 分别为 0.9931 和 0.9922。

（4）邓肯-张模型能够很好地描述有机质浸染砂的应力应变关系，但不能准确反映其体变规律。基于试验数据对邓肯-张模型中的切线泊松比表达式进行修正，建立适用于试验砂土的改进邓肯-张模型，并进行了模型参数的求取。

（5）正交试验是基于 P·C32.5 水泥与 P·O42.5 水泥独立进行的两组试验，P·O42.5 组试验水泥土强度明显高于 P·C32.5 组试验，实际工程中可结合材料成本与需要达到的强度要求，综合考虑选择合适的水泥；对两组有机质浸染砂水泥土的无侧限抗压强度来说，掺和料种类都是主要的影响因素，水泥掺入比次之，水灰比影响最小，掺和料最适宜的水平为熟石灰，水泥掺入比为 20%，水灰比为 0.45；在正交表中，各因素中的水平及任两列的水平搭配次数都相同，正交试验各因素及水平出现的均匀性，有效地保证了试验结果的准确性。

（6）室内改性试验的两组（P·C32.5和P·O42.5）有机质浸染砂水泥土无侧限抗压试验的试验结果与正交试验结果一致：P·O42.5组试验强度明显高于P·C32.5组；掺和料种类的影响效果最明显，其中，熟石灰最好，石灰石粉次之，粉煤灰最差；水泥掺入比越大，抗压强度越高，但是增长幅度减小；水灰比的影响效果不明显，掺加熟石灰的试验中，最优的水灰比为0.45~0.60；熟石灰作为掺和料的最优掺入量都是7.5%。通过单轴应力应变曲线分析，发现强度高的试样，破坏时的破坏形式一般为脆性剪切破坏，试样有明显的倾斜破坏面，应变较小，相反，对于强度低的试样，破坏时的破坏形式一般为塑性剪切破坏，试样呈鼓状，没有明显的破坏面，应变较大。

（7）强度预测公式的建立为实际工程项目提供了理论支持和经验借鉴，可以通过水泥掺入比和水灰比两个影响因素预测有机质浸染砂水泥土28d的抗压强度，也可以为工程需要达到的强度调试出经济合理的水泥掺入比和水灰比，减少有关海湾相有机质砂工程项目试验周期和数量，加快工程进度，节约成本，具有强烈的实际意义。

参 考 文 献

[1] Been K, Jefferies M G. A state parameter for sands [J]. Geotechnique, 1985, 35 (2): 99 – 112.

[2] Bertron, J. Duchesne, G. Escadeillas. Accelerated tests of hardened cement pastes alteration by organic acids: analysis of the pH effect [J]. Cement and Concrete Research, 2005 (35): 155 – 166.

[3] Breth H. Axial stress – strain characteristics of sand [J]. Journal of Soil Mechanics & Foundations Div, 1973, 99 (SM8): 617.

[4] Casagrnade A. Characteristics of cohesionless soils affecting the stability of slopes and earth fills [J]. Journal of the Boston Society of Civil Engineering, 1936, 23 (1): 257 – 276.

[5] Drucker D C and Prager W. Soil mechanics and plastic analysis or limit design [J]. Quarterly of Applied Mathematics, 1957, 10: 157.

[6] Druker D C, Gibson R E and Henkel D J. Soil mechanies and workharding theories of plasticity [J]. Proc. ASCE Tran, 1957, (122): 338 – 346.

[7] Dubach, P. & Mehta, N. C. The Chemistry of soil humic substances [J]. Soils Fert., 1963, 26, 293 – 300.

[8] Duncan J M and Chang C Y. Nonlinear analysis of stress and strain in soils [J]. Journal of the Soils Mechanics and Foundations Division, 1970, 96 (5): 1629 – 1653.

[9] E. M. 谢尔盖耶夫. 工程岩土学 [M]. 北京: 地质出版社, 1990.

[10] Erdem O. Tastan, Timcer B. Edil, Craig H. Benson et al. Stabilization of Organic Soils with Fly Ash [J]. Journal of Geotechnical and Geoenvironmental Engineering, 2011, 139 (12): 2170 – 2181.

[11] G. Rajasekaran and S. Narasimha Rao. Lime Stabilization Technique for the Improvement of Marine Clay. Soils and Foundations, 1998, 38 (3): 97 – 104.

[12] H. Ahnberg & G. Holm. Stabilization of some Swedish organic soils with different types of binder [J]. Dry Mix Methods for Deeping stabilization, Bredenberg, 1999.

[13] Helene Tremblay, Josee Duchesne, Jacques Locat, Serge Leroueil. Influence of the nature of organic compounds on fine soil stabilization with cement. Canadian Geotechnical Journal, 2002, 39 (3): 535 – 546.

[14] Janbu N. Soil compressibility as determined by oedometer and triaxial tests [C]. ISSMGE. European Conference on Soil Mechanics and Foundation Engineering, Wiesbaden: SSMGE, 1963: 19 – 25.

[15] Jeda J. Stress – path dependent shear strength of sand [J]. Journal of Geotechnical Engineering, 1994, 120 (6): 958 – 974.

[16] K. Pousette, J. Mcsik & Jacobsson. Peat soil samples stabilized in laboratory – Experiences from manufacturing and testing [J]. Dry Mix Methods for Deeping stabiliza-

tion, Bredenberg, 1999.

[17] Kondner R L. Hyperbolic stress – strain response: cohesive soils [J]. Journal of the Soil Mechanics and Foundations Division, 1963, 89 (1): 115 – 143.

[18] Kononova, M. M. Soil organic matter, its nature, its role in soil formation and in soil fertility, Pergamon Press, 1966.

[19] Kulhawy F H and Duncan J M. Stresses and movements in Oroville dam [J]. Journal of Soil Mechanics and Foundation Division, 1972, 98 (SM7): 653 – 665.

[20] Ladd CC, Foott R, Jshihara K et al. Stress – Deformation and strength Characteristics [C]. Proceedings of the Ninth International Conference on Soil Mechanics and Foundation Engineering. Tokyo: State of Art – Reports, 1977: 421 – 440.

[21] Lade P V and Duncan J M. Cubical triaxial tests on conhesionless soil [J]. Journal of the Soil Mechanics and Foundations Division, 1973, 99 (10): 793 – 812.

[22] Lade P V and Duncan J M. Elasto – plastic stress – strain theory for cohesionless soil [J]. Journal of Geotechnical Engineering, 1975, 101 (10): 1037 – 1064.

[23] Lade P V and Duncan J M. Stress – Path Dependent Behavior of Cohesionless Soil [J]. Journal of the Geotechnical Engineering division, 1976, 102 (GT1): 42 – 48.

[24] Lamber T W and Marr W A, Stress Path Method [A]. Second Edition Journal of the Geotechnical Engineering Division, 1979, (GT6): 7381.

[25] Lamber T W. Stress path method [J]. Journal of Soil Mechanics & Foundations Div, 1967, 93 (SM6): 268 – 277.

[26] Masaaki Gotoh. Study on soil properties affecting the strength of cement treated soils [J]. Grouting and Deep Mixing, Terashi & Shibazaki (eds), 1996 Balkema, Rotterdam.

[27] Masashi Kamon, Huanda Gu and Takeshi Katsumi. Engineering Properities of Soil Stabilized by Ferrum Lime and Used for the Application of Road Base. Soils and Foundations, 1999, 39 (1): 31 – 34.

[28] Miura, N., Taesiri, Y., Koga, Y. and Nishida, K. Practice of Improvement of Ariake clay by mixing admixtures [C]. Proceedings of the International Symposium on Shallow Sea and Low Land, Saga University, Saga, JaPan, 1998, 159 – 168.

[29] Mtsuoka H. A microscopic study on shear mechanism of granular materials [J]. Soils and Foundations, 1974, 14 (1): 29 – 43.

[30] Newland P L andAllely B H. Volume change in drained triaxial test on granular materials [J]. Geotechnique, 1957, 7 (1): 17 – 34.

[31] Omar R. Harvey, John P. Harris, Bruce E. Herbert. Natural organic matter and the formation of calcium – silicate – hydrates in lime – stabilized smectites: A thermal analysis study. Thermochimica Acta, 2010, 505 (1 – 2): 106 – 113.

[32] Reynolds O. On thedilatancy of media composed of rigid particles in contact with experimental illustrations [J]. Phil. Mag, 1885, 20 (2): 469 – 482.

[33] Roscoe K H andBurland J B. On the generalized stress – strain behavior of wet clay [C]. Heyman J. Engineering Plasticity, Cambridge: Cambridge University Press, 1968: 535 – 540.

［34］ Roscoe K H and Schofield A N. Mechanical behavior of an idealized wet clay ［C］. Proceedings of European Conference on Soil Mechanics and Foundation Engineering. Wiesbaden, 1963, 1：47 - 54.

［35］ Roscoe K H, Schofield A N and Wroth C P. On the yielding of soils ［J］. Geotechnique, 1958, 8：22 - 53.

［36］ Rowe W P. The stress - dilatancy relation for static equilibrium of an assembly of particles in contact ［C］. Proc Royal Society, London, 1962, A269：500 - 527.

［37］ S. Valls, E. Va¡zquez. Stabilization and solidification of sewage sludges with Portland cement. Cement and Concrete Research, 2000 (30)：1671 - 1678.

［38］ Samir Hebib, Farrell Eric R. Some experiences on the stabilization of Irish peats ［J］. Canadian Geotechnical Journal, 2003, 40 (1)：170 - 120.

［39］ Taylor D W. Fundamentals of Soil Mechanics ［M］. New York：John Willey, 1948.

［40］ Verdugo R and Ishihara K. The steady state of sandy soils ［J］. Soils and Foundations, 1996, 36 (2)：81 - 91.

［41］ Yi Jun and Wei Hong. Existing Form and Causes of BayFacies Organic Sand ［C］. Yang Wei jun. Applied Mechanics and Materials, Switzerland：Trans Tech Publications Ltd, 2013：2730 - 2733.

［42］ Yoshimine M, Ishihara K and Vargas W. Effective of principle stress direction and intermediate principal stress on undrained shear behavior of sand ［J］. Soils and Foundations, 1998, 38 (3)：179 - 188.

［43］ 蔡正银, 李相菘. 砂土的剪胀理论及其本构模型的发展 ［J］. 岩土工程学报, 2007 (8)：1122 - 1128.

［44］ 常银生, 王旭东, 宰金珉, 等. 黏性土应力路径试验 ［J］. 南京工业大学学报, 2005, 05：6 - 11.

［45］ 畅帅. 杭州软土固化优化研究 ［D］. 杭州：浙江大学, 2014.

［46］ 陈慧娥, 王清. 水泥加固不同地区软土的试验研究 ［J］. 岩土力学, 2007, 28 (2)：423 - 426.

［47］ 陈甦, 宋少华, 沈剑林, 等. 水泥粉喷桩桩体水泥黑土力学性质试验研究 ［J］. 岩土工程学报, 2001, 23 (3)：302 - 306.

［48］ 迟明杰, 李小军, 赵成刚, 等. 应力路径对砂土变形特性影响的细观机制研究 ［J］. 岩土力学, 2010, 10：3081 - 3086＋3095.

［49］ 迟明杰, 赵成刚, 李小军. 砂土剪胀机理的研究 ［J］. 土木工程学报, 2009, 03：99 - 104.

［50］ 董邑宁, 张青娥, 徐日庆, 等. 固化剂 ZDYT - 2 固化软土试验研究 ［J］. 土木工程学报, 2002, 35 (3)：82 - 86.

［51］ 范昭平, 朱伟, 张春雷. 有机质含量对淤泥固化效果影响的试验研究 ［J］. 岩土力学, 2005, 26 (8), 1327 - 1330, 1334.

［52］ 范昭平. 有机质对淤泥固化的影响机理及对策研究 ［D］. 南京：河海大学, 2004.

［53］ 谷川, 王军, 张婷婷, 等. 应力路径对饱和软黏土割线模量的影响 ［J］. 岩土力学, 2013, 12：3394 - 3402.

［54］ 胡俊, 曾晖. 一种竹筋水泥土搅拌桩及其制作方法：中国, ZL201410526236. 9 ［P］.

2014 - 10 - 08.

[55] 胡俊,佳琳.一种竹筋水泥土搅拌桩:中国,ZL201420614713.2 [P].2014 - 10 - 23.

[56] 胡俊,李艳荣,佳琳.一种冻结水泥土搅拌桩:中国,ZL201520065417.6 [P]. 2015 - 01 - 30.

[57] 胡俊,刘勇,李玉萍.冻结水泥土搅拌桩温度场数值分析 [J].森林工程,2015,31 (5):118 - 123.

[58] 胡俊,刘勇,梁乾乾.设置1~2根圆形冻结管时冻结水泥土搅拌桩温度场数值对比 分析 [J].森林工程,2016,32 (1):77 - 82.

[59] 胡俊,刘勇,姚凯.冻结高压旋喷桩:中国,ZL201521054354.0 [P].2015 - 12 - 16.

[60] 胡俊,肖天鋆.一种竹筋混凝土桩:中国,ZL201410301741.3 [P].2014 - 06 - 27.

[61] 胡俊,肖天鋆.一种竹筋混凝土桩:中国,ZL201420351139.6 [P].2014 - 06 - 27.

[62] 胡俊.一种套管竹筋水泥土桩:中国,ZL201521026776.7 [P].2015 - 12 - 11.

[63] 胡俊.钢筋纤维水泥土桩:中国,ZL201521085879.0 [P].2015 - 12 - 24.

[64] 胡俊.热加固桩:中国,ZL201620031077.X [P].2016 - 01 - 14.

[65] 胡勇士,卫宏,胡俊,等.海南有机质浸染砂变形特性研究 [J].科学技术与工程, 2015,35:58 - 63.

[66] 黄文熙,濮家骝,陈愈炯.土的硬化规律和屈服函数 [J].岩土工程学报,1981, 03:19 - 26.

[67] 黄新,胡同安.水泥—废石膏加固软土的试验研究 [J].岩土工程学报,1998,20 (5):72 - 76.

[68] 焦志斌,盛华兴,马建国,等.深层搅拌法加固应天河套闸软基工程 [J].水运工 程,2004 (8):70 - 73.

[69] 孔亮,段建立,郑颖人.慢速往复荷载下饱和砂土变形特性试验研究 [J].工程勘 察,2001,05:1 - 4.

[70] 赖有修,詹达美.水泥搅拌法在含有机质软土中的应用 [J].土工基础,2004,18 (2):9 - 10.

[71] 冷艺,栾茂田,许成顺,等.饱和砂土排水与不排水剪切特性的比较研究 [J].防灾 减灾工程学报,2008,02:143 - 151.

[72] 李广信,武世锋.土的卸载体缩的试验研究及其机理探讨 [J].岩土工程学报, 2002,01:47 - 50.

[73] 李广信.基坑中土的应力路径与强度指标以及关于水的一些问题 [J].岩石力学与工 程学报,2012,11:2269 - 2275.

[74] 李琦,赵有明.水泥土受力性能试验研究 [J].中国铁道科学,2005,26 (4):82 - 84.

[75] 李燕.邯郸粉质黏土固结不排水试验归一化性状分析 [J].建筑科学,2010,05:17 - 18.

[76] 李作勤.黏土归一化性状的分析 [J].岩土工程学报,1987,05:67 - 75.

[77] 林琼.水泥系搅拌桩复合地基试验研究 [D].杭州:浙江大学建筑工程学院,1993.

[78] 刘恩龙,沈珠江.不同应力路径下结构性土的力学特性 [J].岩石力学与工程学报, 2006,10:2058 - 2064.

[79] 刘瑾,张峰君,陈晓明,等.新型水溶性高分子土体固化剂的性能及机理研究 [J]. 材料科学与工程,2001,19 (4):62 - 65.

[80] 刘顺妮,林宗寿,陈云波.高含水量黏土固化剂的研究 [J].岩土工程学报,1998,

20（4）：72-75.

[81] 刘熙媛，闫澍旺，窦远明，等. 模拟基坑开挖过程的试验研究 [J]. 岩土力学，2005，01：97-100.

[82] 刘毅，黄新，等. 利用磷石膏加固软土地基的工程实例究 [J]. 建筑技术，2002，33（3）：171-173.

[83] 刘元雪，施建勇. 土的可恢复剪胀的一种解释 [J]. 岩土力学，2002，03：304-308.

[84] 刘祖德，陆士强，杨天林，等. 应力路径对填土应力应变关系的影响及其应用 [J]. 岩土工程学报，1982，04：45-55.

[85] 楼宏铭，邱学青，杨东杰，等. 改性木素磺酸钙 GCL1 减水剂的作用机理研究 [J]. 桂林工学院学报，2002，22（3）：254-358.

[86] 陆士强，邱金营. 应力历史对砂土应力应变关系的影响 [J]. 岩土工程学报，1989，04：17-25.

[87] 路德春，罗汀，姚仰平. 砂土应力路径本构模型的试验验证 [J]. 岩土力学，2005，05：717-722.

[88] 罗刚. 张建民. 考虑物态变化的六参数砂土本构模型 [J]. 清华大学学报，2004，03：402-405.

[89] 潘林有. 特殊区域淤泥质软土水泥搅拌桩加固探索 [J]. 四川建筑科学研究，2001，04：58-59.

[90] 邱金营. 应力路径对砂土应力应变关系的影响 [J]. 岩土工程学报，1995，02：75-82.

[91] 邵生俊，谢定义. 砂土的物态本构模型 [J]. 岩土力学，2002，06：667-672.

[92] 邵玉芳，何超，楼庆庆. 西湖疏浚淤泥的固化试验 [J]. 浙江建筑，2007，28（5）：442-445.

[93] 邵玉芳. 含腐殖酸软土的加固研究 [博士学位论文] [D]. 杭州：浙江大学. 2006.

[94] 沈珠江. 复杂荷载下砂土液化变形的结构性模型 [A]. 奕茂田主编，第五届全国土动力学学术会议论文集 [C]. 大连：大连理工大学出版社，1998.

[95] 沈珠江. 三种硬化理论的比较 [J]. 岩土力学，1994，02：13-19.

[96] 沈珠江. 土的弹塑性应力应变关系的合理形式 [J]. 岩土工程学报，1980，02：11-19.

[97] 沈珠江. 土的三重屈服面应力应变模式 [J]. 固体力学学报，1984，02：163-174.

[98] 孙岳崧，濮家骝，李广信. 不同应力路径对砂土应力-应变关系影响 [J]. 岩土工程学报，1987，06：78-88.

[99] 汤怡新，刘汉龙，朱伟. 水泥固化淤泥工程特性试验研究 [J]. 岩土工程学报，2000，22（5）：549-554.

[100] 唐大雄，刘佑荣，张文殊，王清. 工程岩土学 [M]. 北京：地质出版社，1999.

[101] 童小东，蒋永生，龚维明，等. 石灰在水泥系深层搅拌法中的运用 [J]. 工业建筑，2000，30（1）：21-30.

[102] 汪秋建，卫宏，杜娟，等. 基于正交试验的有机质浸染砂配合比的设计与研究 [J]. 海南大学学报（自然科学版），2015，03：271-276.

[103] 王梅，白晓红，梁仁旺，等. 生石灰与粉煤灰桩加固软土地基的微观分析 [J]. 岩土力学，2001，22（1）：67-70.

[104] 王志鑫. 海湾相有机质浸染砂的成因与工程特性的实验室研究 [D]. 海口：海南大学. 2012.

[105] 魏汝龙. 论土的剪胀性 [J]. 水利学报, 1963, 06: 31-40.

[106] 魏汝龙. 正常压密黏土的本构定律 [J]. 岩土工程学报, 1981, 03: 10-18.

[107] 向大润. 土体弹塑性理论加载准则和计算模型探讨 [J]. 岩土工程学报, 1983, 04: 78-91.

[108] 谢志强. 水泥固化高含水量淤泥收缩性研究 [J]. 浙江建筑, 2011, 28 (7): 62-64.

[109] 熊恩来. 云南泥炭、泥炭质土的力学特性及本构模型研究 [D]. 昆明理工大学. 2005.

[110] 徐日庆, 郭印, 刘增永. 人工制备有机质固化土力学特性试验研究 [J]. 浙江大学学报 (工学版), 2007, 41 (1): 109-113.

[111] 许成顺, 文利明, 杜修力, 等. 不同应力路径条件下的砂土剪切特性试验研究 [J]. 水利学报, 2010, 01: 108-112.

[112] 荀勇. 含工业废料的水泥系固化剂加固软土试验研究 [J]. 岩土工程学报, 2000, 22 (2): 210-213.

[113] 荀勇. 有机质含量对水泥土强度的影响与对策 [J]. 四川建筑科学研究, 2000, 03: 58-60.

[114] 姚仰平, 张丙印, 朱俊高. 土的基本特性、本构关系及数值模拟研究综述 [J]. 土木工程学报, 2012, 03: 127-150.

[115] 杨爱武, 杜东菊, 周金, 等. 天津吹填软土应力应变归一化特性研究 [A]. 中国地质学会工程地质专业委员会. 2010 年全国工程地质学术年会暨"工程地质与海西建设"学术大会论文集 [C]. 中国地质学会工程地质专业委员会, 2010: 6.

[116] 杨雪强, 朱志政, 韩高升, 等. 不同应力路径下土体的变形特性与破坏特性 [J]. 岩土力学, 2006, 12: 2181-2185.

[117] 杨永狄, 汤怡新. 疏浚土的固化处理技术 [J]. 水运工程, 2001, (4): 12-15.

[118] 殷杰, 刘夫江, 刘辰, 等. 天然沉积粉质黏土的应力路径试验研究 [J]. 岩土力学, 2013, 12: 3389-3393.

[119] 殷宗泽, 卢海华, 朱俊高. 土体的椭圆—抛物双屈服面模型及其柔度矩阵 [J]. 水利学报, 1996, 12: 23-28.

[120] 殷宗泽. 一个土体的双屈服面应力—应变关系 [J]. 岩土工程学报, 1998, 6 (4): 24-40.

[121] 应宏伟, 李晶, 谢新宇, 等. 考虑主应力轴旋转的基坑开挖应力路径研究 [J]. 岩土力学, 2012, 04: 1013-1017.

[122] 曾国熙, 潘秋元, 胡一峰. 软粘土地基基坑开挖性状的研究 [J]. 岩土工程学报, 1988, 03: 13-22.

[123] 曾玲玲, 陈晓平. 软土在不同应力路径下的力学特性分析 [J]. 岩土力学, 2009, 05: 1264-1270.

[124] 曾卫东, 唐雪云, 何泌洲. 深层搅拌法在处理泥炭质土中的应用 [J]. 地质灾害与环境保护, 2002, 13 (2): 67-69.

[125] 张春雷. 固化淤泥力学性质及固化机理研究 [D]. 南京: 河海大学, 2003.

[126] 张建民, 罗刚. 考虑可逆与不可逆剪胀的粗粒土动本构模型 [J]. 岩土工程学报, 2005, 02: 178-184.

[127] 张其光, 李广信. 应力路径和强度指标对基坑支护结构上水土压力计算的影响 [J].

岩石力学与工程学报，2001，（A01）：952-957.

[128] 张树彬，王清，陈剑平，等. 土体腐殖酸组分对水泥土强度影响效果试验 [J]. 工程地质学报，2009，17（6）：842-846.

[129] 张勇，孔令伟，孟庆山，等. 武汉软土固结不排水应力—应变归一化特性分析 [J]. 岩土力学，2006，09：1509-1513.

[130] 郑颖人，陈长安. 理想塑性岩土的屈服条件与本构关系 [J]. 岩土工程学报，1984，05：13-22.

[131] 钟晓雄，袁建新. 颗粒材料的剪胀模型 [J]. 岩土力学，1992，01：1-10.

[132] 周承刚，高俊良. 水泥土强度的影响因素 [J]. 煤田地质与勘探，2001，29（1）：45-48.

[133] 朱龙芬. 含水量变化对水泥土室内强度的影响 [J]. 山西建筑，2007，33（25）：192-193.

[134] 朱思哲，等. 三轴试验原理与应用技术 [M]. 北京：中国电力出版社，2003.